"十三五"中等职业教育部委级规划教材

服装毕业设计指导实训

丁兰洁　主　编

吴　娟　副主编

国家一级出版社　中国纺织出版社　全国百佳图书出版单位

内 容 提 要

本书根据服装毕业设计课程的教学要求，结合企业服装产品研发流程，对服装毕业设计内容、中职毕业设计纲要、毕业设计实施内容、生活装和创意装的设计指导展开阐述。本书层次清晰，图文并茂，实用性强，有很强的指导性和可操作性。本书可以辅助学生完成毕业设计制作任务，培养学生产品研发的能力。

本书随书附赠网络教学资源，提供书中每一个系列设计案例的实物拍摄图。本书可以作为中等职业学校服装毕业设计的专业指导教材，也可以作为服装爱好者、服装设计初学者的参考书籍。

图书在版编目（CIP）数据

服装毕业设计指导实训／丁兰洁主编 . -- 北京：中国纺织出版社，2019.1

"十三五"中等职业教育部委级规划教材

ISBN 978-7-5180-5508-1

Ⅰ．①服… Ⅱ．①丁… Ⅲ．①服装设计—毕业设计—中等专业学校—教学参考资料 Ⅳ．① TS941.2

中国版本图书馆 CIP 数据核字（2018）第 238226 号

责任编辑：亢莹莹 责任校对：王花妮 责任印制：何 建

中国纺织出版社出版发行

地址：北京市朝阳区百子湾东里A407号楼 邮政编码：100124

销售电话：010—67004422 传真：010—87155801

http://www.c-textilep.com

E-mail: faxing@c-textilep.com

中国纺织出版社天猫旗舰店

官方微博 http://weibo.com/2119887771

北京玺诚印务有限公司印刷 各地新华书店经销

2019年1月第1版第1次印刷

开本：787×1092 1/16 印张：8

字数：120千字 定价：45.00元

序

  经济发展、社会进步引领着职业教育的改革与发展，职业教育的改革与发展助推着经济发展、社会进步。国家中等职业教育改革发展示范学校建设指导着我国中等职业教育的改革。2011年，我校列入国家中等职业教育改革发展示范学校立项建设计划。这既是推动学校内涵发展的良好契机，更是挑战学校发展能力的严峻考验。

  优化职业教育人才培养模式既是国家中等职业教育改革发展示范学校建设的重要内容，更是职业教育适应经济发展、社会进步的必然要求。人才培养模式包括教育思想、培养目标、课程模式、教学形式等多种要素，而课程模式则是人才培养模式改革之核心。

  职业教育长期受普通教育观、传统学校观的影响，课程模式中学术化倾向比较严重。这种学术化倾向主要表现为课程体系采用文化基础课、专业理论课和专业实践课的"三段式"结构与顺序展开，课程内容按照知识的学科分类逻辑排序，课程的实施按照"理实分离"方式进行。这种课程模式既不符合"以形象思维见长"的职校生认知特点，也不利于他们在学习过程中职业能力的形成。因此，职业教育课程模式改革势在必行、时不我待。

  作为浙江省首批中等职业教育课程改革基地学校，近几年来我校一直致力于职业教育课程改革的实践，已取得了良好成绩。2011年，经省职教教研室评选后选送教育部的36本优秀校本教材中，我校就占了6本。更可喜的是，课程改革实践增强了我校教师课程开发的意识，提高了教材编写的能力。

  "职业导向、分类培养"是我校示范校建设中人才培养的价值追求；"学做一体、阶段递进"是我校示范校建设中课程改革的行动指南。本次开发的校本教材是我校改革发展示范校四大重点专业课程改革的实验教材。这些教材体现着我校教学改革的文化脉络，凝聚着重点骨干专业全体教师的心血，是我校示范校建设课程改革实践的显性成果。本批教材充分呈现了"教学内容具有现代性和实用性；知识逻辑具有层次性和技术性"的特点，积极贯彻了"工作过程导向、理实一体、行知合一"的职业教育新课程改革理念。它们既符合职业教育的改革方向，也反映着专业技术的发展趋势；它们是教师组织教学的"良师"，也是学生自主学习的"益友"；它们更是职业教育专业课程园地里的一朵朵崭新的"小花"。

  "不变"是蓄势待发的瞬间，"变"才是永恒不变的主题。示范校改革的方向已明，号角已响。让我们秉承"敬精"校训，以更高的热情、更强的意志、更坚定的步伐投身于改革发展示范校建设的"攻坚战"，献身于职业教育改革发展的"持久战"。

校长　贺陆军

2018年7月20日

前　言

　　服装毕业设计缺乏相关指导性书籍，而中职毕业设计与大专院校的毕业设计性质及实践形式不同，这就需要有可以参考的书籍或者指导性文件，协助教师及毕业学生有效开展毕业设计项目课程。指导学生做好阶段性的项目课程，培养学生产品研发的能力，搭建实习与就业的桥梁，适应企业人才培养模式。

　　本人连续多年担任服装毕业设计课程的指导老师，在此课程的教学中，我不断地穿梭于学校和企业之间，学习企业品牌研发的过程，积累实践经验，并将其应用在教学中。由于任教学校为全日制中等职业学校，以往学生只能是"闭门造车"地设计，缺少流行信息的把握，缺少科技的引领与辐射，使设计作品成了"昙花一现"的废品。自我任教以来，便申请开展了校外调研的实践机会，亲自带领学生从事服装市场调研，进行信息的搜集、设计定稿及任务实施，最后将作品整理成文本形式留存，其中包含毕业设计的全过程。通过全面的实训指导，学生耳目一新，从设计的模仿者变成了研发者，从中让我看到了学生的迅速成长。

　　感谢贺陆军校长，在一次偶然的谈话中，让我萌生了编写教材的想法，是他发现了市场上缺乏针对中等职业学校毕业设计的书籍，是他连续多次的督促和提醒，让我在百忙之中给教材编写留出时间，开始了我的编写之旅。

　　本书由丁兰洁主编统稿，吴娟担任副主编并编写了第三章中毕业设计评价表及第四章第四节样板制作及实例部分，其余均为丁兰洁编写。

　　另外，本书之所以能够顺利完成，是因为汇聚了很多人的努力，感谢宁波纺织服装学院张福良院长对本书提出的中肯意见；感谢宁波纺织服装学院的张剑锋老师给予我的帮助和指导；感谢领导对我科研工作的重视；感谢郝红花、吴娟、曾佳、冯美芳老师给予本书稿的支持；感谢2009级服装毕业生金援、金佳蕾等提供图稿的全体同学；最后感谢POP流行前线网站、穿针引线服装网及相关网络工作者。由于时间仓促，未能全部提及相关支持的网站、机构等，欢迎您随时和我或出版社联系。

编者　丁兰洁

2018年7月

教学内容及课时安排

课程性质/课时	章	节	课程内容
理论/2课时	第一章		服装毕业设计概述
理论/4课时	第二章		中职学校服装毕业设计教学纲要
理论/8课时	第三章		中职学校服装毕业设计实施
理论/60课时 课内实践/138课时 课外实践/24课时	第四章		日常生活装为主的毕业设计选题与指导
		一	资讯搜集
		二	设计构思与确定主题
		三	设计图与款式图的绘制
		四	样板制作及实例
		五	工艺制作
		六	日常生活装毕业设计文本案例
理论/40课时 课内实践/85课时 课外实践/16课时	第五章		创意服装为主的毕业设计选题与指导
		一	创意服装的基本概念
		二	资讯搜集与设计构思
		三	创意服装毕业设计文本案例

注 各院校可根据自身的教学特点和教学计划对课程时数进行调整。

目录

第一章　服装毕业设计概述

一、服装毕业设计的概念与意义

1. 服装毕业设计的概念

服装毕业设计是服装设计专业（3+2方向、就业方向）学生在校期间完成的最后一门综合性实践课程，是服装专业学生在校学习与实践的综合性环节；是教学质量的集中体现；是学生对所学知识全面、综合的运用；是学生所具备的专长与技能的全面展现；是学生对本专业所学理论深入研究、探讨所得的感悟和发现；是学生对整个专业学习的总结和检验；是学生走向社会的重要实践环节。

2. 服装毕业设计的意义

（1）通过毕业设计实践环节，全面检验学生对三年所学专业知识和技能的掌握程度，加强学生对服装设计材料的组合应用、结构设计、工艺制作、汇报展示等专业知识的应用和综合锻炼，提高学生分析和解决生产实际问题的能力。

（2）要求学生在专业老师的指导下综合运用所学的理论知识和实践技能，独立完成毕业设计作品和设计报告。

（3）完成学业的学术性作业，检验学生对知识的掌握程度、分析问题和解决问题的基本能力。对学习成果进行综合性的总结和检阅。

（4）可以拓宽学生学习的知识面，进一步培养适应市场的能力，缩短与市场的磨合期。

二、服装毕业设计的内容和要求

1. 服装毕业设计的内容

服装设计专业毕业设计内容是根据服装设计类别及学生学过的知识，分实用型服装设计和创意服装设计两个方向，学生根据自己的实际情况及兴趣爱好任选其一。　在确定设计意图后，再确定具体的设计内容。主要包括：服装市场调研、确定设计主题、撰写调研报告、款式设计图、面辅料选择（面料再造）方案、效果图表现、1∶5结构图、1∶1制板、白坯布试样、成衣制作、服饰配件搭配与制作、撰写服装毕业设计文本、服装静态展示、优秀作品集制作及动态展示等。

毕业设计的设计内容要新，设计内容要求详细，由学生独立完成。选题要结合学生实际能力和未来工作方向。要求确定设计所涉及的具体内容和表现形式、手段；要求学生有独立的见解，人均设计2套，3～4个人一组完成系列设计并亲自制作成衣。

2. 服装毕业设计的要求

设计作品要求设计文本体现及实物展示两种，这都是最后作品评估的重要依据，学生必须按照要求，在规定时间内完成。一般表现形式如下：

（1）每人独立设计成衣作品2套，3~4个人为一组合并为一个系列。

（2）毕业设计文本独立完成。

（3）毕业总结独立完成。

（4）服装设计作品必须遵循原创性设计原则，不得照搬照抄他人设计作品。

（5）无论是走成衣路线还是创意路线都必须遵循人的生活习性，结合市场需求，进行人文性质的服装设计，切忌推陈出新使用稀缺能源或高硬质感材料进行哗众取宠性的"艺术设计"。

（6）毕业设计文本封面按照学校规定形式制作，其他项目内容可以结合学生各自的服装设计风格稍做更改，但是内容不能缺失。

三、服装毕业设计课程的教学要求

（1）学生在校完成毕业设计的期间，要求指导老师必须加强指导，保证学生在规定时间内完成阶段任务。

（2）学生应根据自己的具体情况选择合适主题，主题确定后，不得随意更换，及时填写任务书，并在规定的时间内认真完成阶段性的毕业设计任务。

（3）教师根据时间安排，及时填写选题申报表、中期检查表，根据指导情况填写指导记录表。

（4）作品的每个设计环节，要得到指导教师的确认，才能继续下一环节。

（5）学生的毕业设计作品必须是完整的，有相应的服饰配件，设计文本必须装订成册，符合要求。

第二章 中职学校服装毕业设计教学纲要

　　《服装毕业设计指导实训》是一门综合性的学科，融合了市场调研、设计构思、效果图绘画、工业制板、选料、购料、服装样衣制作、服装生产工艺单编写、毕业设计实习等知识和技能。服装毕业设计也是检验学生三年所学服装知识和技能的有效载体。

一、中职毕业设计的目标和要求

　　通过毕业设计的学习和实践，学生能明白设计构思是前提和关键，材料选用、裁剪和工艺制作是重点。毕业设计能避免了以前学生"闭门造车"的现象，走出毕业设计只是在T台上"昙花一现"的误区，打破传统的纸上谈兵的教育模式，力求设计和制作的可行性、合理性、艺术性和完美性，变消耗性设计为商品设计。提高学生适应市场、把握市场的能力。同时，让学生明白，服装不仅是艺术品，更是商品。最终要把自己精心设计的毕业作品投入市场，接受市场客户的检验。从而提高学生的服装设计水平，培养出跨世纪合格的服装设计人才。

1. 知识与能力目标

　　了解毕业设计的组织过程，学会信息的收集及整理，对流行有独特的分析能力和见解，在实践过程中掌握服装设计与实现的技能。

2. 过程与方法目标

　　通过市场调研、灵感源图片的收集，物料选购、实践操作等任务，培养学生对流行的把握和完善设计细节的能力。

3. 情感态度价值观

　　进一步培养学生主动参与学习，养成"做中学"的习惯，培养欣赏美、创造美的专业素质。

　　经过毕业设计的全面训练，学生应达到下列要求：

　　（1）巩固和加深服装设计专业知识理解，提高综合运用所学知识进行成衣服装设计能力。

　　（2）能独立钻研有关问题，会独立分析、解决问题，具有一定创新能力和综合运用能力。

　　（3）能正确使用有关设备，掌握服装制作原理，能熟练运用服装缝制设备。

　　（4）独立设计并制作服装，具有艺术感及原创性。

　　（5）独立撰写调研报告，准确分析实践结果，能熟练运用各种文本设计软件及绘图软件。

（6）根据课程的性质、任务、要求，在指导教师指导下，由学生自选主题，独立设计作品并制作成衣。

二、毕业设计指导实训课程简介

服装毕业设计指导实训课程简介如表2-1所示。

表2-1　服装毕业设计指导实训课程简介

课程名称	服装毕业设计指导实训		课程代码	FZ-01-06-11-09	课程性质	理论与实践一体化
总学时	377	理论教学课时	114　课内实践课时	223	课外实践课时	40
学分	30					
适用专业	服装设计与工艺（3+2自考大专、就业班）					
选修课程	服装设计基础、服装材料学、电脑款式图绘画、裙装设计与工艺、裤装设计与工艺、女外套设计与工艺、服装立体裁剪					
选用教材	服装毕业设计指导实训					
参考书目	张剑峰. 服装专业毕业设计指导［M］. 北京：中国纺织出版社，2011. 叶红，范凯熹. 服装专业毕业设计指导［M］. 上海：学林出版社，2016.					
目标地位任务	学生在毕业设计中，综和的运用所学知识和技能去设计、分析、解决一个个具体的问题，在进行毕业设计的过程中，所学的知识能够得到梳理和运用，既是一次展示和锻炼，又是一次实践和提高，很多学生在做完毕业设计的同时感到自己的多方面知识能够整合起来，了解到产品开发的详细过程，培养了创新的思维和协作意识，增强了择业的信心 　1. 培养学生综合运用所学知识，解决实际项目技术问题的能力，并初步掌握染织服装设计项目的内容、原则、方法和步骤，结合实际使学生具备独立完成课题的工作能力 　2. 拓宽学生的知识面，加深其对知识的理解，巩固、扩大和提高所学理论知识，并使之系统化 　3. 理论结合实际，对学生处理问题的能力、实验能力、外语水平、计算机运用水平、书面及口头表达能力进行考核					
课程重难点	了解毕业设计的重要性，是对前面所学知识的创新，让学生在综合训练中得到全面锻炼与提高，要求学生从专业的角度全新开展毕业设计					
具体要求	1. 服装设计作品要求 （1）独立设计成衣作品一系列3~5套，并制作出实物 （2）符合主题风格，服装类别不限，材料不限 （3）款式风格鲜明，色彩搭配合理，整体服饰配套完整、合理 （4）设计个性化，时尚感强，实用与创意相结合，有一定的市场前瞻性 2. 设计文本要求 （1）概念板：包括表现作者思想的灵感源、意境图；产品的定位；面料、色彩、配饰、图案等的运用方案；关键词说明 （2）彩色设计效果图3~5套：表现材质、形式不限，要求人物动态优美，画面整洁，比例匀称，款式有创意，设计说明200字左右 （3）款式图3~5套：画出每一个款式的正、反面款式图；结构表达正确，比例准确；每款服装标上款号。服装款号可以按学生自己的学号进行编排（如：某学生学号为0402311211，A套a款服装编号即为0402311211A-a） （4）立裁步骤图和结构图：选其中一套成衣作1∶5制图，标注规格尺寸，符合制图标准（若采用立体裁剪，则把主要立裁制作步骤拍照），并附规格尺寸表和平面款式图					

具体 要求	（5）生产工艺单：选一套成衣，写出生产流程及缝制工艺要求，并配局部细节图解说明 （6）成本核算表：选一套成衣，写出其成本核算，包括面辅料和加工成本等 （7）成衣照片：反映设计制作过程和最终成衣效果的照片若干 （8）设计报告：字数不少于2000字，要求概念清楚、内容正确、条理分明、语句通顺，逻辑严密，叙述清楚。结构图、生产工艺单、成本核算表均为同一款服装 （9）毕业设计文本：格式、纸张、绘制、数据、各种标准资料的运用和引用都要符合规定。毕业设计文本必须统一用A3格式打印。文本中不能有涂改痕迹；文本涉及文字和表格，均需打印，不得手写；文本卡纸颜色、肌理不限，文本整洁、大方

三、毕业设计进度安排（表2-2）

表2-2　毕业设计进度安排

毕业设计理实项目	教学周次	组织形式	课时分配/项目类型			
			理论教学	课内实践	课外实践	合计课时
毕业设计任务分析、调研、资讯收集			4		16	20
根据调研结果，初步确定毕业设计主题						
概念板制作，设计草图与拓展				8		8
服装效果图表现				8		8
选料、购料					12	12
工艺单、样板、技术文件			6	46		52
白坯布试样、修正				128	8	136
成衣搭配、静态拍照			10	15		25
毕业设计心得		总结		8		8
毕业设计文本编写、装订				20		28

四、实践教学内容及安排（表2-3）

表2-3　实践教学内容及安排

实践项目	实践教学要求	课时	实践场所
市场调研报告	利用上课或休息时间，让学生走出校门进行毕业设计市场调研，收集整理资料，结合服装流行信息，写出规范的调研报告	10	校内外
设计草图 服装效果图	鼓励学生大胆创新，将资料采集重组，确定服装设计草图并进行效果图表现	10	教室
工艺单	结合设计款式图进行工艺单编写	12	实训教室
制作样板	确定系列服装样板，其中一套服装制成工业样板	40	板房、机房
服装工艺技术文件编制	结合设计意图，整理设计图、样板、物料，制作合理的服装技术文件	10	实训教室

实践项目	实践教学要求	课时	实践场所
成衣制作	根据设计意图运用平面或立体的方法裁剪与制作，使设计构思实物化	108	实践工场
毕业设计文本制作	整理各阶段实践项目文本，全面表现毕业设计的成果和经验	20	实训教室

五、学生学习态度要求

1. 端正态度，竭尽所能

作为即将毕业的中职学生，同学们可以视毕业设计为结束学习生涯的里程碑。对于即将走上工作岗位的学生来说，毕业设计也许是最后一段全日制的学习课程，从这以后，就要逐渐适应社会，融入工作岗位，迈向独立。因此，完成好毕业设计的所有任务也是对自身的提高，为展开新的人生阶段奉上一份有意义的礼物。所以，在此过程中，学生必须端正态度，竭尽全力。

2. 锻炼提高，展示自我

学生可以通过毕业设计这门课程检验自己的能力与专业水平，也可以说是为即将的工作准备一份大礼，可以在实践中施展自己的才能，展示自己的才华与天分，让自己对服装设计的领悟与掌控能力充分地施展出来。让毕业设计成为回报学校、回报自己、回报父母的视觉盛宴。

3. 全面提高，综合发展

学生可以视毕业设计为一次提升自己全方位综合能力的魔鬼式集训。相较于前两年的学习任务而言，毕业设计的任务要求学生全力以赴，从而达到学生时代的最高标准，全面提升自己的专业能力。

学生毕业后也许对前面所学的知识已经记忆模糊，但始终能铭记毕业设计带来的心灵愉悦，因为这次综合的训练让学生将知识活学活用，甚至激励为之奋斗的渴望。

第三章　中职学校服装毕业设计实施

一、毕业设计的选题要求

（一）日常生活装为主的毕业设计选题与指导

以日常生活装为主的毕业设计选题可以针对地区品牌，或品牌中的某一品类进行选题，以某企业名称冠名举行的服装毕业设计，如2010级浙江华城杯服装毕业设计，主要是针对华城企业裤子的研发设计；2011级蒙士特杯服装毕业设计，主要是针对外贸成衣类的研发设计；2012级浙江美诗岚杯服装毕业设计和2013级浙江旎莱雅杯服装毕业设计主要是针对优雅女装所做的研发设计……无论是何种形式的主题，日常生活装的设计都必须充分理解学校规定的主题方向，并且特别要注意的是服装在社会属性上的定位问题，要遵循服装穿着的TPO原则，对符合社会文化规范及习俗而进行的定位，日常生活服装的设计选题应包含以下几个重要的方面。

1. 穿衣对象

任何服装只有在穿着后才能体现它的气质内涵，着装对象是关键的要素，要体现人衣合一，以衣衬人，互相协调。着装者的性别、年龄、生活状态、职业、社会阶层、文化程度及着装者的气质和形象，对于着装对象的设想越周详、越明确，在进行设计的时候就越得心应手。

2. 着装季节

着装的季节是学生们在做创作的时候很容易忽视的一个因素。但事实上，预先设定着装的季节很重要，它是设计师对服装实用性的人性化考虑。尤其在日常生活装的范畴内，在市场上销售的服装，没有一件是未经考虑到它的穿着季节就摆上货架的。着装季节不明确的设计，是有先天缺陷的设计，即便形式非常美，也会令穿着者不知该如何穿着而感到为难。

3. 着装的时间、地点、场合

在日常生活中，人们会根据不同的活动、社会礼仪规范和场合来选择不同的着装方式。按照这一标准来对服装进行分类，最简单的分法就是分为日常装和礼仪装，也称礼服。随着我国生活水平的提高，按照着装的时间、地点和场合来穿衣的趋势越来越明显。比如说，运动装以及户外装适合体育运动或野营活动的时候穿；休闲装是闲暇时候的轻松装扮；职业装适合严肃的工作环境；而礼服则是出席正式的场合或隆重的典礼必备的礼仪服装。

学生根据着装的TPO原则定位设计的出发点，将服装的实穿性大大增强，令设计更依托于消费者的需求，体现出它的穿着价值。

（二）创意服装为主的毕业设计的选题与指导

创意服装从本质上区别于人们日常所见的服装，它的产生与形成是社会经济发展和科技水平提高的必然结果。设计永远不会停滞不前，设计永远都在创新，概念设计是创新设计最为重要的表现形式之一。

创意设计的形态总是源于人们所用日常生活所见的某种物象的形态，只是在此基础上进行的延伸设计，创造了意料之外的想象物品。

创意服装的形态也是以服装的基本形态为原型，造型上更强调形态的变化，在材料上需要进行再创造，在色彩上注重流行色的表现。概念设计往往是在积极创新的精神状态下完成的，挖掘学生的想象力及创造力。

一般的高职院校的毕业设计更注重服装的原创性及艺术性，对于中职学校来说，创意服装的设计莫不如说是一种模仿性质的再创造。由于学生的年龄、社会阅历、文化层次的不同，对外界的感受能力等都低于高职院校，中职学校在进行概念服装设计时，可以针对以下讲述的一部分来进行实际操作，主要引导学生接受这种设计形式，陶冶情操，培养原创的技巧与能力，在选题方面可以结合区域服装产业进行研发设计。比如浙江旎莱雅服饰有限公司，设计中等层次的优雅女装，涉及的服装品类比较丰富，除了日常生活装的设计研发外还有部分小礼服的设计，毕业设计的概念设计选题可以结合其中的小礼服进行创作和研发，可以在服装的廓型、面料、款式上推陈出新。浙江省依爱夫游戏装文化产业有限公司，原来是做舞台装的服装产业，由于企业的转型，现在在研发游戏装，在我校设立了服装研发工作室，是我校的校企合作单位，那么，我们的毕业设计就可以结合舞台装和游戏装进行选题，一方面增进校企服务意识，另一方面借助企业的研发团队，经常去企业调研，激励学生创作，也可以为将来就业做准备。

创意服装的选题应重视以下几个方面：

1. 更新设计理念

可以结合重要时事，自然素材、中西文化等进行选题，如都市时尚、再现层叠、中国韵律等进行选题。建立新的设计理念，表达对未来、对生活的向往。

2. 新颖、独特

作品要有强力而定视觉效果，可以是面料的创新、图案的创新、色彩的创新、服装廓型的创新、穿着方式的创新、设计思维的创新等多样化的表现形式，在基本款式中注入时尚的元素，以崭新的形式表达设计作品。

3. 工学结合递进

一方面经常去当地的服装考察调研，借鉴好的款式，积累好的素材，结合岗位的可操作性项目进行设计。比如，如果学生对某单位的某岗位比较感兴趣，就可以在毕业设计时去观察或临摹现有的服装款式，加入新的设计元素后重新进行研发设计，这样做的好处是可以缩短学校与企业的磨合期，让学生在毕业后尽快适应企业的工作节奏，为将来就业做准备。

二、毕业设计实施方案（表3-1）

表3-1　毕业设计实施方案

工作任务	课程内容与教学要求	达标项目
市场调研	通过市场调研让学生了解各服装品牌的风格、款式特点、色彩搭配，明确设计定位 ● 调研时间：根据教师的要求，学生利用周末自主进行市场调研为主 ● 调研对象：平湖品牌服装店（太平鸟、浪漫一身、粉蓝、播等） ● 调研内容：品牌风格、品牌产地、年龄定位、价格定位、款式类别、款式与造型、面料与色彩、客流量、店面及展柜布置 ● 调研总结：学生调研后写出详细的调研报告	结合调研内容，写出详细的电子调研报告
设计构思	通过理论学习和查阅、搜集、整理资料等开阔自己的视野，构思出新颖、时尚、符合市场流行的服装 ● 日常生活服装设计基础知识 ● 查阅资料 ● 搜集资料 ● 整理资料 ● 根据市场要求确定自己的设计定位	
服装效果图表现	通过学习，学生在构思的基础上，能够把自己新的理念与想法以时装画的形式表现出来 ● 根据自己的设计定位画出设计草图 ● 对自己的设计草图进行认证与修改（可行性、合理性、艺术性） ● 确定设计概念图（主题、色彩、面料、造型） ● 电脑款式图绘画（着装效果图、正背面款式图及平面展开图）	效果图 款式图
工业制板与推档	了解企业制板知识，包括术语、规格、缩率等方面的内容。学生根据款式图确定工业样板，掌握服装工业样板制板方法 ● 款式分析和已有信息的搜集 ● 1∶5制图 ● 主片制板（前后衣片或裤、裙片） ● 零部件制板（领子、袖子、门襟等）、里料制板 ● CAD1∶1制板、放码、排料	根据款式图确定自己的1∶1工业样板
选料购料	学生根据设计意图、款式特征、色彩图案、面料肌理等选择相同或相近的面料，并进行局部调整与构思设计 ● 根据服装款式要求进行算料 ● 根据设计意图（根据款式特征色彩、图案、面料肌理与性能）选择面辅料及服饰配件 ● 根据面辅料进行构思设计与款式局部调整	
服装样衣裁剪与制作	根据设计意图运用平面或立体的方法裁剪与制作，并根据号型系列制作工业样板 ● 设计样衣制作并修正样板（用坯布） ● 工业样衣缝制并试衣、调整 ● 根据服装号型系列，制作工业样板并放码 ● 成衣批量加工	完成自行设计的服装成品样衣制作
工艺技术文件编制	掌握工艺单编写技术和相关操作技能，学会服装外贸企业的工艺单编写技术和服装成本核算 ● 工艺文件设计 ● 产品效果图 ● 产品规格、测量方法及允许误差 ● 定额用料 ● 整烫部位及允许承受的最高温度	可以结合实际情况简要概述

续表

工作任务	课程内容与教学要求	达标项目
工艺技术文件编制	● 原辅料的品种、规格、数量、颜色等规定 ● 成品折叠、包装、装箱颜色搭配方法 ● 有关部件及缝制方法的规定 ● 配件及标志的有关规定 ● 产品工序技术要求 ● 缝纫形式与针距密度 ● 工艺文件的签发 ● 服装成本核算的原则及方法	可以结合实际情况简要概述
毕业设计心得	从市场调研、设计构思、服装制作、成品展示、客户反馈等方面进行全面的表述自己的成功经验和各环节遇到的问题及改进的方向	以文本的形式体现
制作样衣生产通知单	根据制作的样衣进行服装成品规格及面辅料的配备，制作合理的服装技术文件 ● 货号、款式号、名称、服装成品规格、面辅料配备、正背面、平面展开款式结构图、工艺缝制要求等服装技术文件	制作合理的服装技术文件
服装展示	学生将毕业设计的成品服装进行校内外展示，接受企业领导与师生的检阅，最终作为商品接受消费者的评定 ● 校内外时装表演与展示	

三、毕业设计文本要求

1. **封面**（图3-1）

（1）"浙江省平湖市职业中等专业学校××届服装设计与工艺专业"：参考字号为"一号"。

（2）"服装毕业设计文本"：参考字号为"小初"。

（3）"作品名、作者、班级、指导老师"：参考字号为"二号"。

（4）字体格式不限，文本的横竖构图与底纹可以自己设定。

（5）文本封面的内容不可缺少。

2. **目录**（图3-2）

（1）"浙江省平湖市职业中等专业学校××届服装设计与工艺专业"：参考字号为"一号"。

（2）"服装毕业设计文本"：参考字号为"小初"。

（3）"作品名、作者、班级、指导老师"：参考字号为"二号"。

（4）字体格式不限，文本的横竖构图与底纹可以自己设定。

（5）文本封面的内容不可缺少。

（6）目录的内容主要由"序号""条目""虚点""页码"组成。

（7）"目录"：参考字号为"小初"，居中。"序号"：参考字号为"二号"，加粗，序号上下对齐。"条目"：参考字号为"二号"。"页码"：参考字号为"小二"。目录的页码所标示的内容必须与文本中该页的内容相符。

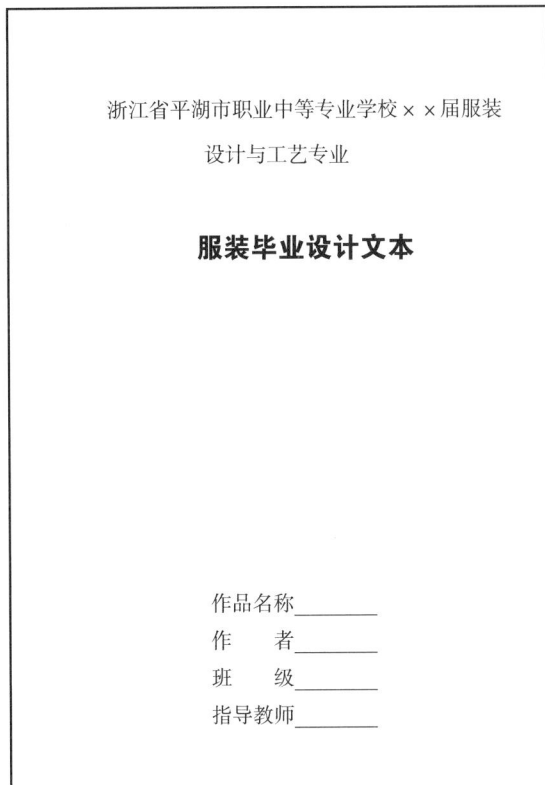

图3-1 封面

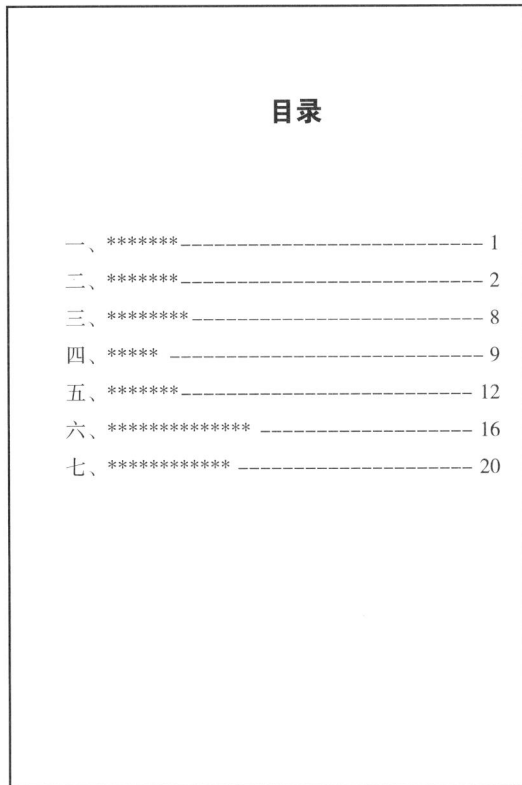

图3-2 目录

3. **毕业设计报告要点**

（1）首先要在内容和结构上达到要求。

（2）其次，文章的写作要做到思路清晰，条理清楚，层次鲜明，概念术语准确，语言表达简明扼要。

4. **毕业设计报告内容**

（1）设计方案的确定：通常应对任务书进行分析，对不同方案进行比较，说明选定本方案的理由以及本方案的特点。

（2）设计理念的阐述：应对主要思想观点、灵感源等予以阐明并加以论证。

（3）设计效果说明：结合效果图、生产图、纸样等，对作品的设计效果进行说明、分析，应指出所实现的创意和未能表达之处，尽量讨论、比较可供选择的不同方案及其优缺点。

（4）材料及配色方案的说明：应说明所选材料、色彩的特点和理由，并对选材与效果的适合程度进行分析、说明。

（5）工艺技术分析：说明工艺的特点和难点，指出所使用的新工艺和新方法。

（6）成本分析：说明产品的成本构成。

5. 结构制图（表3-2）

表3-2 结构制图　　　　　　　　　　　　　　　　　　单位：cm

号型	衣长 （L）	胸围 （B）	腰围 （W）	臀围 （H）	肩宽 （S）	袖长 （SL）	袖口 （CW）
160/84A	80	92	68	96	37	18	24

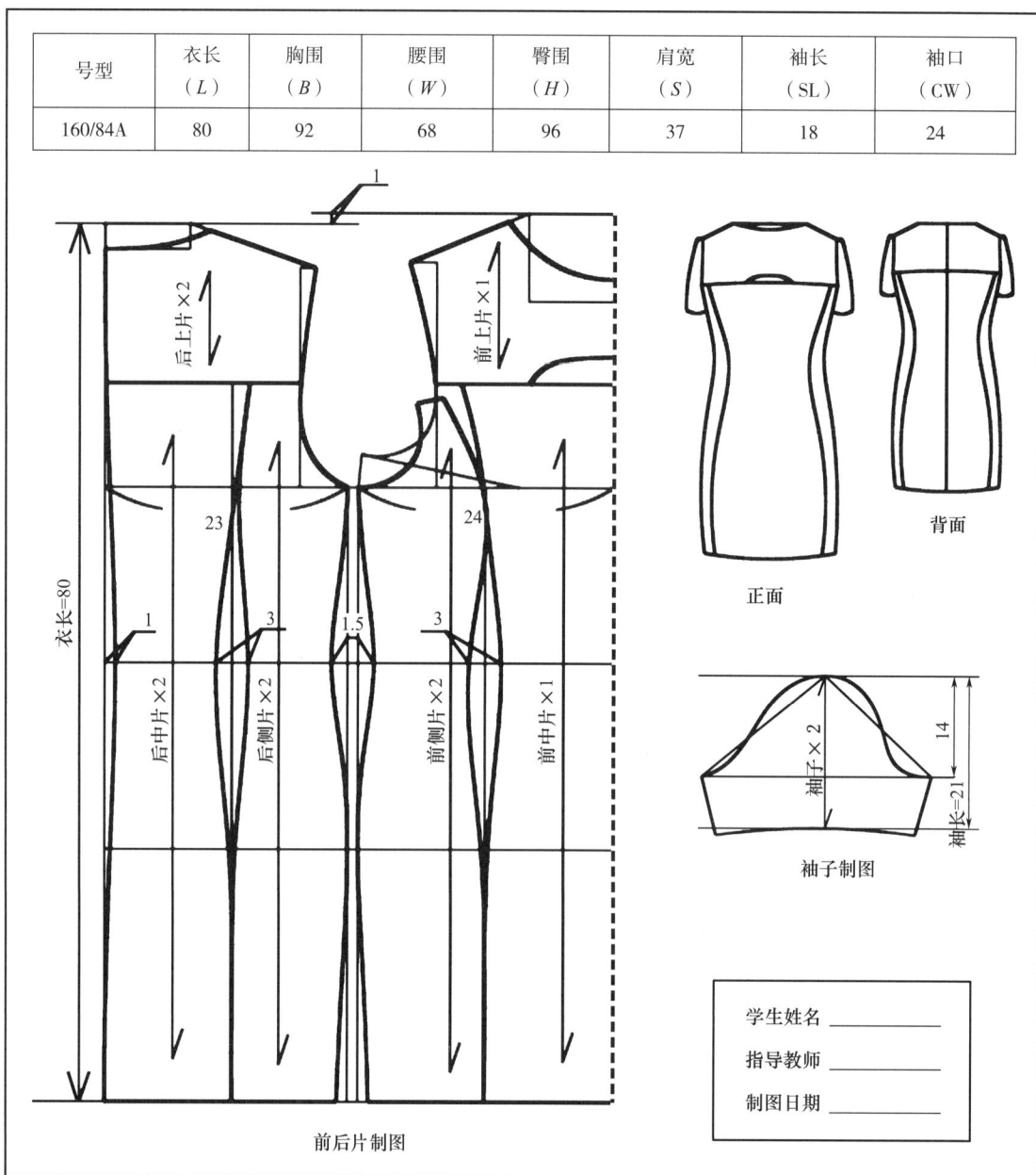

前后片制图

正面

背面

袖子制图

学生姓名 _____

指导教师 _____

制图日期 _____

注意：
（1）制图中的公式、数据标示等要求方向统一、字体统一、大小统一、标示清晰。
（2）标题、规格等文字要求有主次之分，大小适宜，符合视觉审美要求，所有结构制图都应统一大小、统一字体。
（3）每一张制图均要有"标题"和"款号"。

6. 成本核算表（表3-3）

表3-3　成本核算表

日期：　　年　　月　　日

作品名称						
款式图	正面				反面	
成本核算	加工费：					
	面料名称	成　分	小　样	单　价	用　料	合计费用
	面料费用总计					
	辅料名称	单　价		用　料		合计费用
	辅料费用总计					
成　本　总　计						

7. 生产工艺单（表3-4）

表3-4 生产工艺单

款式编号：　　　　　　　　　　　　　　　　　　　　　　　　　　　　　　年　月　日

地区：	批号：	货号：	产品名称：	样板编号：
数量：	交货期：	用线：	条格：顺（ ）	原料：正（ ）、反（ ）

款式图	工序分析	
成品规格（单位：cm）	缝制工艺要求	
上衣成品规格		

衣长		领高		袖长	
胸围		挂肩		袖窿	
腰围		帽高		袖中宽	
肩宽		帽宽		袖口宽	
肩斜		拉链长		领宽	
下摆		帽带长		前领深	
后领深					

黏衬部位

下装成品规格					
裤长		腰围		臀围	
直裆		脚口			

四、毕业设计课程成果与考核评价方式

1. 课程成果

认真总结、整理毕业设计成果，并形成综合的毕业设计文本，包括服装市场调研报告、服装设计灵感源、设计图、效果图、结构图、成衣照片、工艺单等文本、图片、实物等，以供指导教师、校企领导审核。

2. 考核评价方式

每一位学生都要参与毕业设计的各环节的学习与实践，且各环节单独评定。

评价方式包括学生自评、互评10%、指导教师评20%（态度10%、设计40%、制作质量30%、文本质量20%）、校内考评组30%、企业评40%（动态秀、静态展示、服饰搭配、制板及制作），如表3-5所示。

表3-5　毕业设计评价表

	优秀	得分	良好	得分	合格	得分	不合格	得分
优秀：16~20分；良好：12~16分；合格：8~12分；不合格：4~8分								
毕业设计过程（20%）	独立完美地完成设计任务		能较好地完成设计任务		基本完成设计任务		未能达到任务书要求	
	独立提出设计实施方案		实施方案结构合理		有简单的设计实施方案		实施方案不合理	
	毕业设计工作认真负责		毕业设计工作比较认真		毕业设计工作较认真		毕业设计工作不够认真	
优秀：16~20分；良好：12~16分；合格：8~12分；不合格：4~8分								
毕业设计文本（20%）	独立完成款式图绘画		指导完成款式图绘画		粗略完成款式图绘画		请他人完成款式图绘画	
	独立撰写调研报告		查阅资料撰写调研报告		完成较简单的调研报告		未能撰写调研报告	
	独立完成1:5结构图、放缝图、排料图		参考完成1:5结构图、放缝图、排料图		在老师帮助下完成1:5结构图、放缝图、排料图		抄袭完成1:5结构图、放缝图、排料图	
优秀：32~40分；良好：24~32分；合格：16~24分；不合格：8~16分								
毕业设计服装成品（40%）	设计创新，色彩搭配合理		设计合理，色彩搭配较合理		设计基本合理，色彩搭配基本符合		设计抄袭，色彩搭配不合理	
	服装成品做工精细，动手能力强		服装成品做工较精细，制作工艺独立完成		实际动手能力较弱，在老师帮助下完成工艺制作		实际动手能力较弱，工艺制作不能独立完成	
	面料选择符合设计效果		面料选择较符合设计效果		面料选择基本符合设计效果		面料选择不符合设计效果	
优秀：16~20分；良好：12~16分；合格：8~12分；不合格：4~8分								
毕业设计答辩（20%）	毕业设计答辩时思路、概念清楚		毕业设计答辩时思路、概念比较清楚		毕业设计答辩能阐明基本观点，但不够完整准确		毕业设计答辩不能阐明基本观念	
	阐述设计理念重点突出，语言表达准确		能清晰地阐述设计理念，语言表达较准确		回答提问存在错误，经提示后能做补充或纠正，语言表达一般		回答提问存在原则错误，言语生疏	

第四章　日常生活装为主的毕业设计选题与指导

怎样进行毕业设计，给自己的学习生活画上一个完美的句号呢？服装毕业设计的流程又是怎样的呢？

本书将引领学生穿越调研的必经阶段，逐步形成自己的设计风格与理念，讲解在开始进行创造性的调研之前，明确目标市场并了解时尚的不同层次和风格流派的重要性。再通过介绍一系列有组织的步骤后，讲解和传达有关设计拓展的知识。最后演示并探索设计作品的各种表达方式和表现手法。

本书会提供具有深度、创新性和创造力的系列设计所必需的技巧知识。

第一节　资讯搜集

服装毕业设计的首要环节就是资讯搜集，资讯搜集的第一个步骤便是市场调研。调研对于任何设计过程来说都是必不可少的，它是先于设计而展开的创意理念的初期搜集。它应该是一个颇具实验意味的过程，是为了支持或发现某一特定主题所做的调查、研究。在创作过程中，调研是不可缺少的方法，它会为创意提供灵感、信息和创作方向，以及为系列设计提供故事情节。调研是一项非常个人化的行为，通过它的外在表现，人们可以深入透视设计师的思想、追求、趣味及想象力的创造性。

从广泛而深入的调研入手，设计师就可以开始对一组服装或一系列服装进行演绎。在设计的过程中，服装的廓型、面料肌理、服装色彩、款式细节、印花和装饰都有其各自的地位，而且这些必须在调研报告中一一找到。

一、市场调研

威伯·凡·博豪恩说："调研就是当我们不知道将要做什么的时候所要做的事情。"

但是它研究什么呢？设计师不断地寻求新的设计理念，而就时尚的本性来说总是变幻无常并在不断地进行再创造，这一切又是如何开始的呢？我们揭开调研神秘的面纱，并对创造性的调研过程进行搜索，同时说明为什么一开始就应该进行调研。总而言之，调研的过程应该是充满乐趣、令人兴奋和增长见识的。

市场调研是通过了解市场、分析市场、认识市场以及预测市场行之有效的科学方法。可以说，服装毕业设计中的首项工作就是以市场调研为前提的。

（一）服装市场调研的概念

服装市场调查是通过收集一系列有关服装设计、生产、营销的资料、情报和信息，以科学的方法和客观的态度，判断、分析、解释和传递各种所需的信息，以帮助决策者了解环境、分析问题、制订及评价市场营销策略，从而达到进入服装市场、占有市场并实现预期目标的目的。

调研是一项基础性且具有创造性的工作，在进行市场调研的过程中，始终遵循实事求是的态度，客观的反应市场情况，做到调查资料的准确可靠性。而且，服装产业是一个时尚产业，服装市场瞬息万变，应更加注重信息的时效性。在有针对、有计划地对市场进行市场调研后，要将市场调查所获取的信息资料进行系统、条理的整理归纳，对市场情况作出比较全面的判断。

（二）服装市场调研的方法

具体方法主要有：询问法、观察法、实验法、资料研究法。

常用的服装市场调研方法主要有观察调查法、访谈法、专题讨论法、体验法、实验法。可以针对调研设计调查者设计问题，然后整理成文本材料以备毕业设计使用。

1. **观察调查法**

观察法是调研者以旁观者的身份进行实地观察，通过眼看、耳听、手记的方式，对调研对象进行观察。如在调研顾客行为的时候，可以留意顾客和营业员的对话，注意他（她）的语言、表情、任何让心灵有所激荡的事物都可以成为设计灵感的来源；任何在视觉形式上吸引人的素材都可以收集起来。接下来将它们进行筛选，归纳来讲述一个属于设计者的故事、动作和身体语言等。在调研品牌服装的售卖情况时，可以在一段时间内多次、持续地跟进观察，以了解新品的上柜时间和规律、销售情况，同时结合观察，记录产品的主要配色特点、主要面料特点、主要款式特点、产品细节处理、搭配方式和风格特征等，掌握第一手的品牌信息。

由于观察法是通过调研者自身的观察进行调研，因此，在调研时做到客观、选择具有代表性的对象和时间进行调研，避免只观察表面的现象。

观察法的基本步骤是：选定调查对象→确定研究题目→实施观察并记录→资料分析。

2. **访谈法**

访谈法是指通过询问的方式向调研对象收集资料的一种方法，该方法的优点在于访问灵活，在有无问卷的情况下均可进行。同学们既可以设计一份结构严谨的问卷，在访问过程中严格遵循问卷预备的问题顺序提问，也可以在访问过程中自由询问自己预先准备或临时想到的各种问题，同时调研对象在回答这些问题时，同样允许他（她）有充分的自由权利。

访谈法要求精心设定被访谈的人群，不能不管年龄、性别、场合的随意访谈，同时还要避免在对访谈对象的基本情况一无所知的情况下进行访谈。此外，当访谈的目的是为了得到统计学上的结论时，还要求访谈对象要达到一定的数量，其得出的结论才比较可信。

3. **专题讨论法**

专题讨论法是指邀请6～10人，在一个富有经验的主持人的引导下，花几个小时讨论某一个服装设计话题，如某种设计需求、某种设计要素等。主持人应保持客观的立场，并始终使话题围绕在本次讨论的专题上，激发参与者进行创造性思维，自由发言，所以对主持人的素质要求较高。通过这种试探性调研，可以了解到公众的态度、感受和满意的程度。调研人员应避免将调研结果推广到所有的受众，毕竟这种方法的样本规模太小，很难具有完全的代表性。

4. 体验法

对学习服装设计的同学来说，体验是非常重要的一种调研方法。它往往在同学们想了解服装的穿着效果时采用。通过亲自试穿服装，或者让同伴去试穿服装能让调研者领会服装陈列效果和真人穿着效果之间的差距，并通过试穿了解服装的板型、工艺、面料与设计之间的关联性。此外，通过亲身体验还可以直接感受服装的美感、舒适度，能令调研者对服装有更深的认识。

5. 实验法

实验调研方法是研究各因素之间因果关系的一种有效手段，它通过对实验对象和环境以及实验过程的有效控制，来达到分辨各服装设计因素之间的相互影响以及影响程度，从而为毕业设计者做设计提供意见参考。实验法一般包括试验组和对照组，首先应依据调研目的，确定实验环境和实验对象的分组，尤其要保证实验组和对照组之间的完全可比性。其次，应分别准确记录各组在实验期间的状况。最后，在对实验调研数据进行分析时应注意，要将实验组与对照组实验期间发生的变化加以判别比较，即在采取实验后的这段时间里，各组相对于以前的变化量有何不同。例如，调查服装效果时，可选定部分消费者作为调查对象，对他们进行调研，然后根据调查对象接受的效果来改进颜色、面料、款式等服装设计要素。最后得出实验结论。实验法对于研究因果关系，能提供访问法、观察法所不能提供的材料，运用范围较为广泛。

（三）如何进行市场调研

结合服装市场调研的"5W"原则有效的进行市场调研是行之有效的方法。

When——什么时候进行市场调研（结合课程安排，一般1～2周）。

Where——在哪里进行市场调研（考虑到学生的经济实力与交通情况，不方便去大中型城市，因此，地点的选择要切合实际，不能盲目选择。一般以方便为原则，在本市及周围城市进行调研）。

Who——被调查的消费群体是谁（性别、服装类型、穿着方式、季节、风格等）。

Why——市场调研要解决什么问题，为什么进行市场调研（款式、色彩、面料）。

How——怎样进行市场调研（采取何种调研方法、怎样记录调研内容、怎样应对调研时的突发情况等）。

服装市场调研的过程基本分为三个步骤。首先要明确调查的目的与任务，即确定调查的对象、范围、方法等内容。其次要制定完善的调查方案，具体包括以下内容：调查的内容、调查的对象、调查的方法、调查的地点、调查的时间、资料搜集整理方法、调查总结等。最后将调查资料进行整理、归纳、分析，撰写调查报告。一个完整的市场调研报告最重要的就是资料搜集及整理，确定调研项目的主题、款式、色彩及面料。

表4-1是一个简单的市场调查方案设计表，明确了调查方案后，就可以进行实地调查了。最后将调查资料进行整理、归纳、分析，撰写调查报告。一个完整的市场调查报告格式由题目、目录、概要、正文、结论和建议等组成。调查报告要求中心突出，结构严密，材料与观点一致，并且调查报告可以回答出调查任务中提出的问题。

表4-1　服装品牌市场追踪调查表

调查地点：_____		品牌名称：_____	
目标顾客	人群	年龄、性别、职业、收入、教育程度、兴趣爱好
产品形象	季节主题	主题系列
	款式	风格、轮廓、设计手法
		品种
	工艺	板型、做工、细节
	面料	名称、成分、观感、手感
	色彩	主要色系、支配色、搭配色、点缀色
	数量	品种数量、货品数量
	价格	产品分类价格带
		典型产品价格、折扣价
专柜形象	设计陈列	店面设计、货品陈列
	道具	展示柜、衣架、灯具、模特
	广告	宣传画、包袋、吊牌、样本

服装市场调研样表填写要求。

（1）在调研时及时填写，确保准确性（表4-2）。

（2）表4-3为调研后整理时详细记录，作为设计的素材，以便随时使用。

（3）表格格式可以调整，内容不能缺少，仅作参考。

表4-2　服装市场调研表

调研地点：_____	调研时间：_____　　调研品牌：_____
品牌风格	
品牌文化	
季节主题	春、夏、秋、冬
品牌产地	原产地：　　　　　　　　国内：

续表

年龄定位	岁	中心年龄： 岁
价　　格	分类表述： 大衣：××RMB～××RMB 小外套：××RMB～××RMB 打底衫：××RMB～××RMB 背心：××RMB～××RMB 裙装（长裙、中长裙、短裙）：××RMB～××RMB 裤装（长裤、中裤、短裤）：××RMB～××RMB	
款式类别	（套装、休闲马夹、铅笔裤、连衣裙、休闲服装等）	
款式设计特点 （从四个方面进行详 细说明）	1. 款式（具体的款式细节说明，运用了哪些设计元素，形成怎样的视觉效果，穿着对象，时间、场合等） 2. 造型（廓型） 3. 面料（面辅料搭配） 4. 色彩（主色、搭配色、点缀色搭配，可以拍成照片，然后制成色卡，形式不限，手绘、电脑均可）	
店面及展柜布置	简要说明即可	

表4-3　调研记录表

面　　料	品类	设计手法	风格	款式图片
	小外套			
	风衣			
	打底衫			
	长裙			
	短裙			
	长裤			
	短裤			

调研总结	总结调研的方式、调研中遇到的问题、解决的办法以及自己的心理感受。

（四）调研常见问题、解决办法及对策（表4-4）

表4-4　调研常见问题、解决方法及对策

调研方式	常见问题	原因分析	解决办法及对策
实地考察	学生不敢走近专卖店，害怕遭遇销售人员的不礼注视怎么办	从头到脚打量一番，面孔比较稚嫩，年龄段不适合，属于非购买群体	1. 调研时身着时尚大方的服装，可穿浅口的小皮鞋，搭配时尚的包包，面目略加修饰，显得成熟一些。带着轻松的心情逛街，而不是眉毛紧锁。 2. 要自信，给人沉着稳重的感觉
	调研时，营业员不配合怎么办	1. "顾客"好像不是来买衣服的，像是参观窃密的 2. "顾客"好像不适合这类衣服，所以不加理睬 3. "顾客"好像没有消费能力	镇定，保持良好心态，交流语气调整为懂行、熟练服装的指导者，不要忽视"我是主人，顾客是上帝的意识"
	顾客不愿意接受"采访"怎么办	1. 打扰了顾客的购买心情 2. 没时间	如果是这种情况，可以不再去打扰顾客了，可以采取静态观察的方式留意他/她目光停留的服装及挑选的款式及最后是否达成购买意愿等
网络调研	优点：节省人力、物力及调研时间，调研范围广，内容丰富，能在较短时间内整理好调研报告 不足：调研内容相似、难以把握市场，市场化服装和流行之间的尺度把握不好		

（五）如何撰写市场调研报告

1. 市场调研报告的基本要素

（1）基本情况，即对调查结果的描述与解释说明，可以用文字、图表、数字加以说明。对情况的介绍要详尽而准确，为下一步分析与下结论提供依据。

（2）分析与结论，对上述情况数据进行科学的分析，找出原因及各方面因素的影响，透过现象看本质，得出对调查对象的明确结论。

（3）措施与建议，通过对调查资料的分析研究，对市场情况有了明晰的认识。针对市场供求矛盾和调查发现的问题，提出建议和看法，供自己或领导决策参考。

2. 市场调研报告的文本写作要领

要做好市场调查研究工作。写作前，要根据确定的调查目的，进行深入细致的市场调查，掌握充分的材料和数据，并运用科学的方法，进行分析研究判断，为写作市场调查报告打下良好的基础。

从实际出发，尊重客观事实，实事求是地反映出消费群体及市场的面貌。条理清楚。要善于根据需要对材料进行鉴别和筛选，给调研材料归类，将有价值的材料整理到调研报告文本中去。

3. 市场调研报告的格式

市场调查报告没有统一的格式，一般是由调研标题、调研时间、调研目的、调研方法、调研地点、调研心得与建议等几部分组成。

标题：标题应该醒目，一般应打印在封面上，包括：该项调查的标题。

概要：概要部分是本次调查的简明介绍，在这部分内应指明：谁委托该项调查或要求进行该项调查（服装毕业设计课程要求学生进行市场调研）；说明该项调查的目的和范围；简要介绍调查对象和调查内容，包括调查时间、地点、对象及所要解答的问题；调查的方法，例如市场调查中，资料收集的方法，是用询问法还是观察法或实验法。

4. 正文

正文是市场调查分析报告的主要部分。包括：

（1）调查目的的详细陈述：在调查报告正文的开头，调查人员应当指出该项调查的目的和范围，以便阅读者一目了然，准确地理解调查报告所叙述的内容。

（2）资料收集的具体过程：详细地介绍在搜集资料时所采用的方法，比如相机拍摄过程中遇到的问题，同时，可以写明默画款式图时的难处等。

（3）调查结果：通常应该图文并茂详细的分析说明。

5. 结论和建议

调查结果的介绍是调查人员所得资料的简明描述，结论才是调查人员在仔细研究和分析所有资料后得出的判断。应尽可能简洁、准确地说明调研成果。

（1）示例1：男装市场调研报告表格形式（表4-5）。

表4-5　男装市场调研表

调研品牌：太平鸟、洛兹、罗蒙

调研地点：宁波国际会展中心

调研内容\调研品牌	品牌风格	品牌产地	年龄定位	价格定位	款式类别	新款设计特点（款式与造型）	新款设计特点（面料）	新款设计特点（色彩）	客流量	店面及展柜布置	备注
太平鸟	休闲简洁时尚具有硬朗的男性风格	宁波市环城西路南段826号	25~35	500~1200	夹克	新款的设计趋于简洁时尚，注重细节设计，强调一些细微的点缀。灵活运用具有民族气息的复古花纹和复古纽扣。骑士风格的服装裁剪宽松，袖条及肩襻，袖襻。多用两粒扣	复古风格的多采用手感饱满细腻的丝绒面料和轻薄爽silk的涤层面料和金属扣，还有一些具有特殊肌理效果。骑士风格的面料多采用毛呢绒、全棉灯芯绒	2007年流行的是复古。沉着的泥土褐，古朴的驼色。各色怪异风采和古老的神秘感带入了时尚的高潮，高雅冷静的矜贵红是无彩中的点睛之笔，华而不躁，温文大方	展示厅100人/小时	展柜布置简单时尚。灯光明亮，具有骑士风格	
洛兹	经典商务休闲	宁波市工业园区	25~40	500~1200	夹克	新款设计点是工艺的精益求精，强调设计，细节和版型裁剪，使该系列产品在休闲感中体现质品质，趣味和特色	采用全棉、混纺面料和新潮的时尚面料，流行的金属丝面料和丝绒面料	成熟稳重的深灰蓝，经典深绿色。迷人的深绿黑用不消沉	展示厅100人/小时	具有现代的陈列摆设。给人一种舒适的感觉	
罗蒙	经典时尚精致优雅高贵	宁波奉化江口镇江宁路	25~45	1000~15000	西服	工艺精雕细琢，款式经典高贵典雅，休闲男人对细节的追求完美	采用Precious Fabrics名贵面料，它富有高雅如丝般的光泽和柔软细腻的手感，不易起皱	色彩纯正，多用深灰色调，条色花纹的面料。外观平整，体现罗蒙西服服饰，精致、高贵的风格	展示厅200人/小时	再现"上海滩"，设计独领风骚，"S"型马路展台，老式轿车，给人一种怀旧的情感	

调研总结：男装一直都是以简洁、经典、商务、休闲为前提的，色彩一般都很深沉，但却刻划出了男人特有的成熟魅力。今年特别流行复古的设计，像太平鸟的风格就是随意的、休闲的，加上复古图案和具有中世纪风格的花版Logo的混合运用，透露着时尚的气息，表现了男人对时尚的勃勃生气。洛兹和罗蒙都是以西服的制作工作精巧而闻名遐迩，通过这次对男装的调研，让我对男装有了进一步的了解，为接下来的男装设计打下了良好的基础

调研人：李慧　　　2006服设（2）　　　调研时间：2007.10.23

（2）示例2：以下文本是关于太平鸟服饰品牌市场调研报告。

关于太平鸟服饰品牌市场调研报告

调研人：××班××
调研时间： 年 月 日
调研地点：宁波国际会展中心
调研对象：25～45的男士

宁波是中国近代服装工业发祥地、中国最大的服装生产基地，拥有亚洲最大的制衣企业和全国最早的专业服装博物馆。作为服装节的重头戏，为期4天的第11届中国国际服装服饰交易会在22日正式开幕。为了能在服装节上更好的了解服装的新潮流，我们很早就出发来到了宁波国际会展中心。

调研目的：太平鸟男装的风格是怎样的？今年太平鸟的新款有几个系列？有什么特点？太平鸟新款面料有哪些出新？顾客对这个品牌的喜爱程度如何？

太平鸟男装的风格：

走进太平鸟的展馆，一眼看到太平鸟的风格是休闲的、简洁而又时尚，具有硬朗的男性风格，从它的陈列就可以看出来，简洁而又明了。

太平鸟新款的款式特点：

太平鸟的款式设计趋于简洁轻便，注重结构线的处理以及细节的设计，强调一些细微的设计，不同面料的相互拼接，印上中世纪民族气息的复古绣花，大图标的运用突显男人的线条，突出的风格越来越受年轻人的欢迎。随着复古风的盛行，骑士风格也再度袭来，此款裁剪宽松，合体不紧身，多处运用嵌边滚条及肩襻、袖襻的灵活搭配，以及双排扣的合理运用。经典的色彩设计体现出了骑士的风范，骑士表里如一的风范。太平鸟男装夹克的衣领设计的实用性非常好，它是用罗纹作为衣领，可以脱卸，清洗简单快捷，很实用。此款前胸的口袋设计，多处辑明线，款式简洁又舒适。很有军旅风格。消费者对此设计比较满意，有购买的欲望，款式也比较新颖，穿着舒适，价位合理。

太平鸟新款面料出新：

太平鸟夹克款式变化多，面料的选择也和独特一厚实粗犷的全棉面料为主，采用水洗作旧等工艺使得色彩更加柔和，手感更趋舒适，夹克式棉楼，袖子采用菱形压线效果，使得衣服更显朝气。

顾客对这个品牌的喜爱程度：

在随机抽问过程中发现，顾客对款式的要求很高，其次是价格，面料的性能。他们说好的款式不仅要穿着舒适也要适合大众的需要，虽然款式新颖但却不实用那再好也没用，问到对此品牌的信任程度，他们觉得这个品牌不错，质量与价格是持平的，太平鸟是做休闲服的，因此相比别的品牌更了解消费者需要什么样的服装，他们也在不断的努力当中。

总结：

男装一直都是以简洁、经典、商务、休闲为前提的，色彩一般都很深沉，但却刻画出了男人特有的成熟魅力。今年特别流行复古的设计，像太平鸟的风格就是随意的、休闲的，加上复古图案和具有中世纪风格的花版Logo的混合运用，透露着时尚的气息，表现了男人对时尚的勃勃生气。

洛兹和罗蒙都是以西服的制作工艺精巧而闻名遐迩，通过这次对男装的调研，让我对男装有了进一步的了解，为接下来的男装设计打下了良好的基础。

二、搜集流行资讯

对于没有经验的设计者来说，搜集流行资讯是一项耗时耗力的工作。事实上，在搜集流行资讯的过程中，一直在根据自己看到的东西进行各种各样的构思。这个过程可能会花费你很多时间，但是这不会影响设计的进度，因为设计一定要别出心裁，要从一大堆纷乱复杂的流行信息中找到真正适合于自己的设计珍宝。收集资讯才是设计者首先要做的工作，那么，流行资讯到底有哪些呢？

（一）流行趋势预测

1. 廓型趋势

超大轮廓服装是大热的流行趋势，大廓型的外套、箱型廓型的上装、褶裥裙、阔腿裤、宽幅褶皱锥形裤子仍然占据着时尚的重要位置（图4-1～图4-4）。

图4-1　大廓型外套

2. 服装风格

复古女孩——从格子印花、垃圾摇滚、毛线帽等元素中我们就可以感受到来自20世纪90年代的复古味道，连衣裙与长裤的混搭，背包等具有20世纪90年代鲜明特色的搭配和单品中，我们体会到纽约时装周的设计师们为人们呈现的复古情怀（图4-5）。现代军装风——军装风格重新回归，不过这次，现代感是设计的亮点。在Michael Kors的发布会上，充满奢华质

图4-2 箱型廓型上装

图4-3 褶裥裙

图4-4 宽幅褶皱锥形裤

感的迷彩皮草大衣到秀场上的军绿色套装，帅气的军装风成为本季的一大流行趋势。男装市场中，灵感来源于士兵军装的各式军装风外套绝对是这一热门潮流的主要单品。将军装风运用到像派克大衣、风衣、狩猎外套、飞行员夹克等外套中，打造出一系列帅气时尚的款式。酷感帅气的军装风皮靴绝对是这一潮流的又一大体现，特别是系带的款式，将长裤塞入靴中是年轻时尚的体现，而用裤子挡住一部分靴子更成实用和经典（图4-6、图4-7）。

3. **设计元素**

抢眼的光泽感金属元素让经典的轮廓造型充满了闪光点。秋冬的金属元素出现在了不同款式的单品上，推出了更为闪耀的全身亮片金属光泽时装（图4-8）。大量丰富的细节设计如：水晶、人造钻石、皮草、羽毛……这些装饰元素大量出现在各大品牌的发布会上，不仅仅是出现在晚装上，也出现在日装中。

4. **流行的细节**

面料作为服装设计的三要素，其成分、织造方式、二次创造等都会直接影响服装的艺

图4-5　复古女孩

图4-6　现代军装风——女装

图4-7　现代军装风——男装

术效果。毕业设计时切入流行的面料细节会使设计增资添色。服装材料精致的磨损效果、有规律的切割、拼接装饰、与色彩的透视效果的多维处理就是很好的艺术手段，如图4-9～图4-12所示。

花朵和浪漫的掐丝工艺：刺绣工艺使用的面料如真丝欧根纱、丝绸和蕾丝，结合羽毛、凸起的小珠、管子和螺纹上的亮片，打造出精致的3D花朵装饰（图4-13、图4-14）。

定制的定位印花：瀑布效果，对腰部轮廓的关注，以及间隔的印花是重点，避免了之前富丽堂皇的装饰品（图4-15）。

　　风俗画：利用混合工艺诠释了动物主题和怪异主题，其中包括链式缝法、花式缝法、水晶和亮片（图4-16）。

图4-8　金属元素

图4-9　精致的磨损效果　　图4-10　切割的柔软布条　　图4-11　单色透视效果　　图4-12　拼接与装饰

图4-13　花朵和浪漫的　　　图4-14　柔软结构的　　　图4-15　定位印花　　　图4-16　风俗画
　　　　　掐丝工艺　　　　　　　　　　3D效果

5. 流行的服装面辅料

（1）装饰性材料：装饰性面料装饰着珠珠和亮片的精致面料打造出奢华的服饰，打造出浮华的风格（图4-17）。

图4-17　装饰性材料

（2）图案面料：染色美洲豹纹印花、恐怖卡通图案、欧普艺术图案、彩色编织图案及传统的方格纹印花是2014秋冬女装针织系列的重点图案及印花趋势（图4-18）。

图4-18　图案面料

动物图案设计与以往的天然色彩大相径庭，饱满的红色、冬季白色和蓝色非常适合与黑色搭配。镜面式对称图案、磨毛纱线及混合尺寸的美洲豹纹印花是最具新意的设计细节，此外，素色黑色饰边和对比设计在简约高圆翻领毛衣及圆领毛衣的设计中也有所应用（图4-19）。

图4-19 动物图案

错综复杂的印花、多样化的面料是历届时装周上的亮点。皮草、刺绣、亮片、金属扣环等不同材质的运用丰富了时装的多样表现，衍缝、蕾丝、天鹅绒、皮革、皮草等不同材质的运用丰富了时装的表现形式（图4-20）。

图4-20 服装面料表现形式

（3）针织面料：湿感表面的针织面料在连衣裙和上衣款式中十分火爆，多和超精致的棉、人造丝和醋酸纤维成分混合的面料共同使用（图4-21）。

图4-21 针织面料及服装

6. 流行色

流行色彩十分吸引消费者的眼球，在毕业设计时可以结合流行色彩进行系列设计，无论作为服装色还是图案色应用在男装的T恤、长裤，还是女装的外套及裙装上，抑或是童装的点缀上，都是不错的选择，时尚感都非常强。

（1）2015春夏女装运动装流行色（图4-22）。

（2）2015男装职业装流行色（图4-23）与休闲装流行色（图4-24）。

从东南亚地区缤纷的色彩和丰富的文化遗产中汲取灵感，具有异国情调的海洋色彩和鲜艳的热粉色甚至是炽热的橙色是香格里拉运动装色彩设计灵感的主要趋势。被稀释过的浓烈色彩迎合了一种休闲风格的冲浪美学，在太阳下山之前，抓住最后一波浪潮，炽热的色彩令人联想到SPA温泉浴场。鲜艳的色彩撞色，比如橙绿色、强烈的紫罗兰色和深海蓝色等，为这一季的运动装注入了活力和动感。

图4-22 2015春夏女装运动装流行色

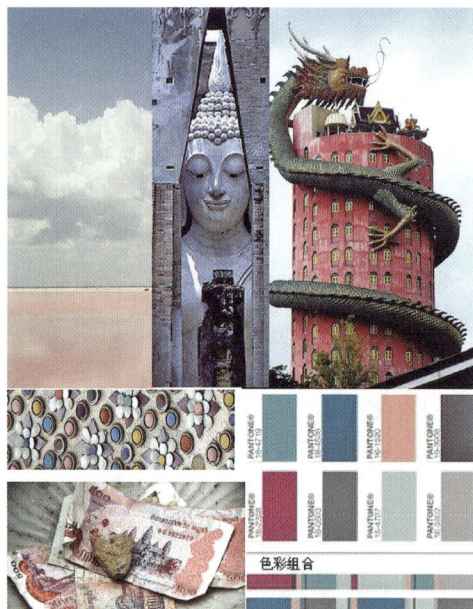

图4-23 2015男职业装流行色

图4-24 2015男休闲装流行色

（3）2015童装流行色。

主题一：睡前童话（图4-25）。

黄绿色从深炭色底色中脱颖而出的色彩与静谧的淡紫色和骨色相叠搭。

图4-25 童装流行色

主题二：仪式风格（图4-26）。

藏红花色、深琥珀色和茜草红色等的金色调与炭黑色形成鲜明对比。浓郁的亮紫红色和亮粉色则作为关键的亮色元素。

图4-26　童装流行色

主题三：星际色彩（图4-27）。

墨蓝色、紫色和行星绿色为男童装和女童装市场打造出充满趣味性的星际盛会。月亮般的亮白色和精致的青瓷色散发出新颖的柔美气息。

图4-27　童装流行色

（二）街头时尚

城市里的街道人来人往，它是每个人的出发地和目的地之间的通道。一座城市总是有它最热闹和最时尚的街道，大都会尤其如此。生活在其中的服装设计师都深清街道的秘密，对什么样的街道上会出现怎样的人群。

设计师可以说是职业的"城市街道行走者"。对他们来说，逛街基本上是工作需要，而长时间的逗留在时髦人群出没的地点也并非是某个设计师的独门武功。就在他们貌似悠闲地打量着来来往往的街头客时，眼睛却在捕捉时尚的元素和焦点——有时候可能是来自时尚之都的最新款式，有时候可能是特别有创意的搭配方式。只要用心观察，街上的人群总能带给设计师惊喜和无限的可能性。潮流就潜伏在面无表情的匆忙身影中间，设计师只需调动他的耐心和敏感，就能从中找到流行的线索和有价值的时尚信息。通过这样的方法得到的资讯通常比较直观、便于体会和理解，对指导设计师的创作非常有用（图4-28、图4-29）。

图4-28　外套夹克

（三）报刊杂志、书籍

除了活生生的人群之外，街头报刊亭里出售的各种时装杂志也是很好的参考材料。尤其是那种教普通人穿衣打扮的时装杂志。这些杂志会告诉你如何剖析巴黎和纽约天桥上的最新款式，找到它的时尚精髓，然后根据我们亚洲人的形体和偏好进行化解，最终穿出具有个人特质的时髦品位来。这种杂志在很多时候入不了专业设计师的法眼，倒是非专业的流行追逐者常常奉若法宝。但是，在这里要告诉大家的是，这种针对非专业读者群的"穿衣手册"杂志实际上对专业设计师有着很大的帮助。它提供的信息可能不是最新的（往往到了夏天临近才告诉读者这个季节该穿什么，而针对专业读者的服装杂志会提前6个月甚至1年报告给你服装的流行动态）。但是，它对于消费者却具有不可想象的说服力，会左右他们的购衣决定，会在关键的时候教唆他们选择别人设计的可笑款式，而不是你设计的优雅服装（图4–30）。

图4-29　时尚T恤

图4-30　报刊杂志

（四）特色小店

街头上还有什么流行资讯呢？那就是有意思的街边小店。很多时候，很多设计感很强的服装不一定出现在商场的品牌专柜上，它们会藏身于街角、路边的小店里，只对懂得欣赏它们的老顾客们展露风姿。这样的小店店主往往是些"大隐隐于市"的"高人"。他们天资聪颖、眼界开阔，对服装有着很高的悟性。因为种种原因，他们没有成为专业的服装设计师，但这不妨碍他们开一家有品位的服装小店，游历世界各地，收集些自己喜欢的独特服装回来，只和懂得他的忠实顾客交流穿衣之道。而将这些别致的服装穿出街的顾客往往会是街头最独特、最有型、最懂得打扮的人群之一。他们的穿着，也往往具有流行先锋性，说不定下一个季节，他们的穿着就会成为流行的大热。因此，想要做好设计就算掘地三尺，也要把这些店挖出来（图4-31）。

图4-31　特色小店

（五）其他时尚生活领域

事实上，这部分工作已经有专业的人员在做，他们是隶属于专业流行资讯发布机构的工作人员。然而，他们的成果并不总能恰好针对你的市场和品牌。正如上文说的，他们提供的流行趋势是较为宏观的、为整体业界提供导向的。因此，针对自己面对的消费市场，设计师还得担当起本品牌的"流行趋势调查员"，关注当地的其他时尚领域。这些领域包括汽车、电子产品、文艺娱乐、饮食、健身美容等，最便捷的方式就是看广告和生活消费类的报纸杂志（图4-32）。

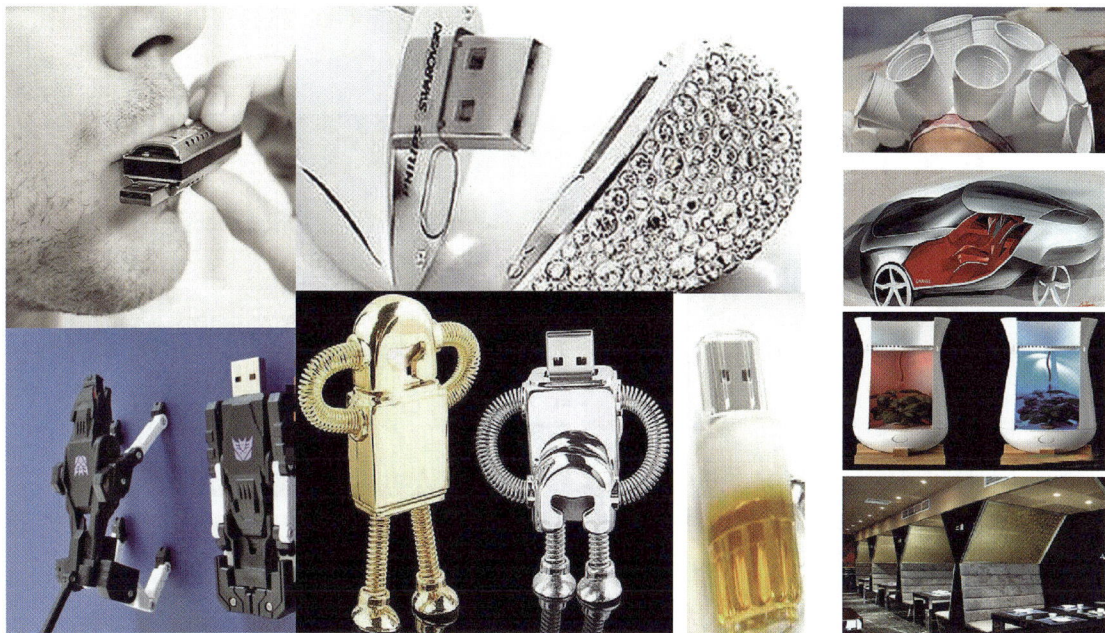

图4-32　其他时尚生活领域

第二节　设计构思与确定主题

善于发现新事物是做好毕业设计的首要条件，设计者要有敏锐的目光，要善于通过图像和文本捕捉生活中的一切素材，因为头脑中所能想到的形容词都可以成为设计的灵感源，包括风格、态度、色彩、面料以及廓型都会带来全新或意想不到的设计理念。通过联想、想象，把抽象的主题概念转化为可视的、可穿的服装，成为受众能够接受并喜爱的款式。在这个过程中，学生要在意与意、意与形、形与形之间反复沟通、多重交叉、重叠，才能完成新的创造。

一、构思方法

构思方法获得途径是多样的，这种灵感可以源于你的生活经历及对外界生活环境的感受，比如最近看过的一场电影，一段勾起往昔回忆的音乐，随手绘画的一幅作品，快门留下的照片，雨后的草木清香……生活中的点滴都可以成为服装设计的灵感源。具有敏锐的感受能力才能立意高、设计独特、成为时尚的引领者。

（一）社会与生活的灵感启发

1. 自然界的灵感启发

如果你是大自然的热爱者，就会发现自然界蕴藏着无穷无尽的美，它们或许是让你如痴如醉的自然景观，或许是你的盆栽，或许是你养的宠物……总之，自然界的素材举不胜举，人类许多创作发明都是从大自然中获取灵感，服装也不例外。它们是你汲取灵感、赋予你力量的宝藏，如燕尾服、蝙蝠衫、灯笼裤、燕子领、香蕉领、羊腿袖、蝙蝠袖……自然的形象、形态、色彩、肌理、图案纹样在服装上的运用会达到意想不到的效果，总是能得到社会各界的认可（图4-33）。

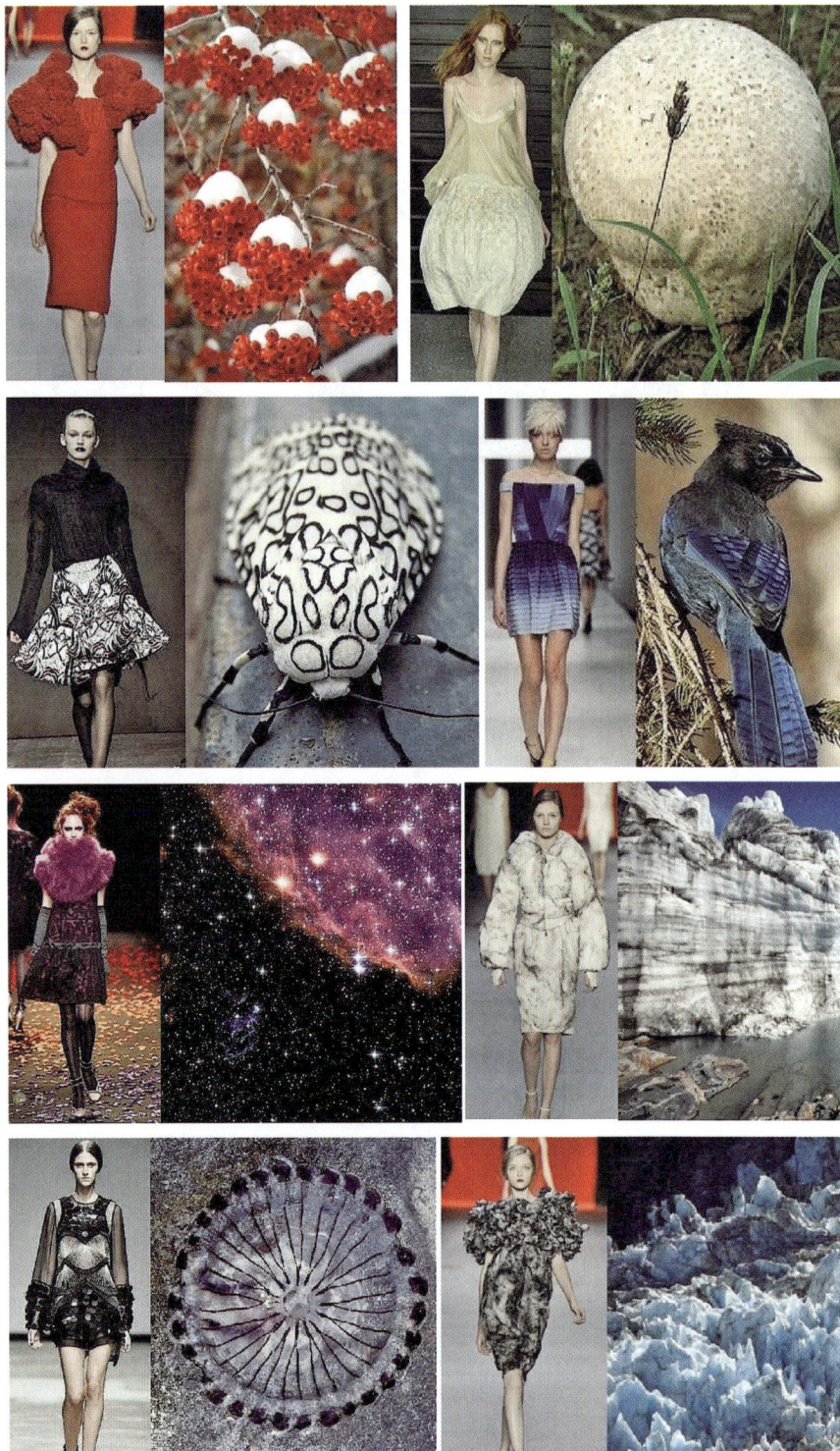

图4-33 自然界的灵感启发

2. 上层建筑的灵感启发

服装设计和绘画、雕塑、建筑、文学、音乐或其他作品都属于艺术范畴，气息相通却又相互影响。因此，从中寻找灵感，对所选取的灵感源分解、打散进行重组，设计出创新服装，也必定引领时尚潮流（图4-34）。

图4-34　上层建筑的灵感启发

3. 科学技术的灵感启发

科学技术的发展日新月异，在"知识经济的时代"和"信息时代"的浪潮中，将服装设计与科学技术相融合成为必要的发展趋势。科技与设计归属于两种类别，似乎不相干，但是科技的发展直接影响着人类的思维方式和生活方式，服装作为必需的生活用品，必将为新的生活方式服务。每个新成果的出现都将影响着服装的流行。例如，超细纤维的问世改善了化纤织物的吸湿性、透气性、悬垂性和手感；"纳米微粒"加纤维可抗菌、防霉、消除异味。在纤维中加入某种聚合物，使纤维不仅具有抗紫外线、抗氯、抗污的优点，而且利用这种纤维织就的织物手感更柔软、回复性超群、染色更加生动鲜艳，它的优异性能为服装设计提供了更多的可能性和更大的想象空间。新型高科技面料的研发及使用推动着服装从基本的使用功能向服用功能递进，以科技为题材的设计更是打开设计者的思路，功能性服装受到人们的喜爱，反映时代特色（图4-35）。设计者必须关注科技动态才能使设计迎合市场的检验。

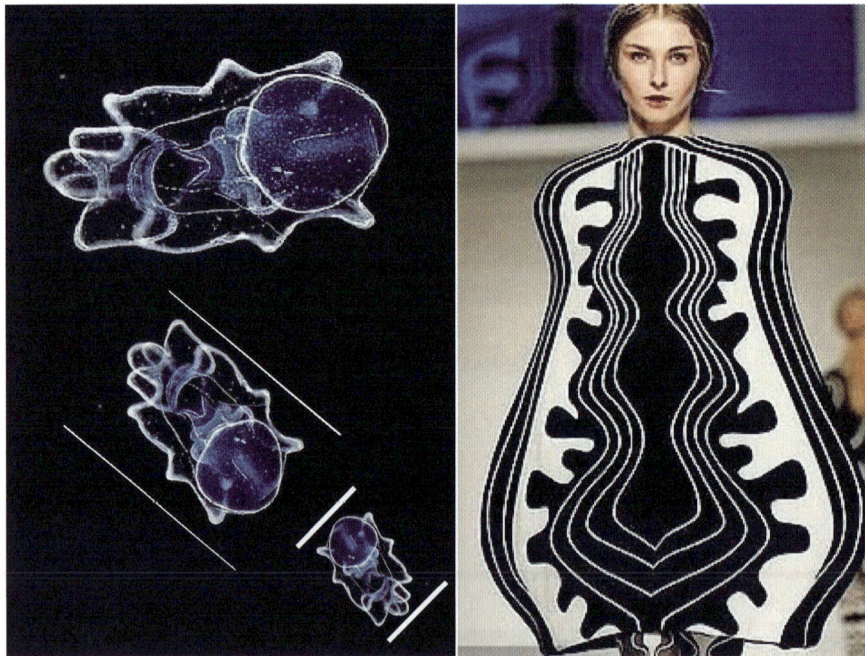

图4-35 科学技术的灵感启发

4. 民族文化的灵感启发

民族与民俗文化使不同国家、不同地区和不同民族之间保持了各自的特色与个性，使世界文化变得丰富多彩。不同的自然环境和历史发展造就了世界各民族之间不同的风俗习惯和文化传统。受文化和社会背景的影响和制约，不同的民族发展出各自的审美观念和各异其趣的民族服饰。印度纱丽、日本和服、印第安纺织品与波斯图案等民族服饰因其具有的鲜明特点而成为一个民族或地区的文化象征。20世纪90年代以来，非洲热带风、印度风、日本风、柬埔寨风、中国风等带有浓郁异国情调的设计屡次主宰了服装的流行趋势。对不同民族丰富的文化遗产进行探索，从中寻找创意的源泉，已成为许多服装设计师获得成功的法宝。由于从小在一定的文化背景中熏陶、成长，设计者对本民族文化的开发有着得天独厚的伏蛰。在吸取传统文化精髓的基础上，将本民族服饰素材与时代风貌融会贯通，能创造出富有文化底蕴的时尚产品。

以中国传统文化和民族风格为特点的服装品牌涌现，成为设计师的创作灵感，创造"中国风"的主题设计。

5. 大众流行的灵感启发

时尚的人群，设计师对于流行资讯的吸纳和推动至关重要。流行趋势发布机构会分析和整合来自全世界各地的流行情报，从中寻找最具时尚潜力的资讯呈现给客户。设计师应有意识地利用各种媒体及渠道了解最新的流行资讯，经过分析和消化后转化成具有独特个性而又符合时尚的设计产品（图4-36）。

6. 臆想生活带来的灵感启发

由于人们对生活的向往，求质的同时更加注重生活的高品位，崇尚自然、绿色健康、自

图4-36　大众流行的灵感启发

　　由休闲以及个性化生活越来越受到人们的重视，因此可以结合这些灵感进行设计与创作。

　　服装设计中的创意往往与社会生活的方方面面息息相关。敏感的设计师会从社会生活中寻找题材，推出别具一格的设计作品。生活中的细节是人们熟知而又容易忽略的事物，巧妙地利用这些素材进行设计，会让人产生亲切又耳目一新的印象。政治形势的变化、经济的繁荣或衰退、文化的开明或禁锢都直接影响人们的生活（图4-37）。

图4-37　臆想生活带来的灵感启发

　　大众关注的焦点因为经过媒体传播而影响广泛。在设计中反映一时的社会热点或动态，会因为人们了解其背景和内涵而引起关注和反思。比如20世纪60年代，以太空和科学幻想为主题的服装设计就因为契合了当时的探索外太空的社会热点而受到大众的追捧，成为风靡一时的潮流。

　　服装设计师还会以其擅长的方式表明他们对重大社会事件的立场和态度。比如，以反战为题材的服装设计则会随着每一次战争的爆发而层出不穷。作为承担社会责任的社会成员，服装设计师以他们特别的视觉语言来探讨人生的基本命题——生存与死亡。

（二）以模仿为切入点的灵感启发

　　与服装企业领导谈话中发现，高校的服装毕业生在参加工作后很长一段时间把握不好市场，设计的服装太过表现艺术感而不能满足众多消费者的需求，有时反而是他们认为一般的设计便被设计总监采纳，然后生产大货，为公司带来效益，因此在艺术和市场之间，怎样灵活变通成为培养中职学生进行毕业设计的切入点，值得辅导老师深思。

　　结合中职学生的学习特点及文化生活，相对高校学生来说，他们没有更多的时间感受自然风光，也没有丰富的社会阅历，更没有机会花费大量的时间在社会调研上，对灵感捕捉的灵感度不够，对生活的领悟不够深刻，善于发现的能力还不够强，因此，毕业设计的灵感源对多数中学生来说，是比较困难的，那么如何在现有的条件下做好毕业设计，捕捉灵感源呢？以"模仿品牌，做聪明的设计"便成为首要的灵感源了。模仿品牌不是不可以，但是要做聪明的模仿者，就是要学生在模仿的过程中，不断地去借鉴品牌的已有的服装风格和款式，将新的设计理念融入到品牌中，然后将搜集的信息重组、创作（图4-38、图4-39），提

图4-38　模仿某外贸棉服的设计

图4-39　衬衫款式拓展

升毕业设计的核心价值，根据自身的能力和流行趋势特点，从而成为该品牌的策划者，这样一则为毕业设计打基础，二则为就业做准备。

模仿品牌衬衫与连衣裙正反面款式图与细节说明（表4-6、表4-7）。

表4-6 模仿品牌的衬衫设计

正反面款式图及细节说明	
 丝绒 5cm 蕾丝花边 丝绒 门襟宽3cm 6cm	产品类型：衬衫
	衣长：54cm
	辅料小样：
	面料小样：
	成分
	面料：
	辅料：
	配料：
1. 参看图片 2. 领子、袖克夫用素皱缎	
备注：	
	设计师： 款式上交日期：

表4-7 模仿品牌的连衣裙设计

正反面款式图及细节说明		
	产品类型：连衣裙	
	衣长：100cm	
	辅料小样：	
	面料小样：	
	成分	
	面料：	
	辅料：拉链 腰襻 气眼	
	配料：	
1. 参看图片 2. 低腰合体连衣裙 3. 单止口线0.6cm		
备注：		
	设计师： 款式上交日期：	

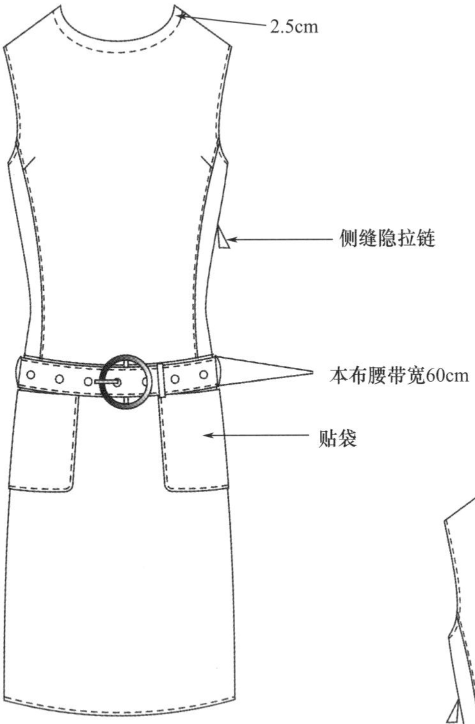

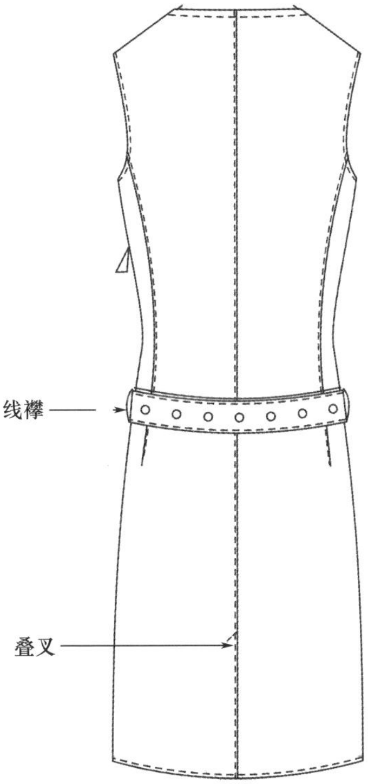

图中标注：
- 2.5cm
- 侧缝隐拉链
- 本布腰带宽60cm
- 贴袋
- 线襻
- 叠叉

二、确定主题

确定主题就是用自己的语言把看到的、想到的东西表达出来的过程，搜集资料总是没有尽头的。因此，工作进行到一定阶段，不管做到怎样的程度都必须停止。根据市场定位、风格特点、目标消费者的品位爱好，对手头上现有的资料进行分析整理。

有些资讯是可以相互印证的，它们只是在用不同的方式陈述同一件事情或同一个观点，这能帮助你肯定趋势的方向；有些资讯具有指导作用，能帮助设计师筛选出其他资讯中真正有价值的部分；还有些资讯是能启发你灵感的，它们能帮助你创作出最好的作品。除此以外，还有些资讯像鸡肋，暂时看不出有什么用，但又觉得扔了可惜。对于这样的资讯，不同性格的人总有不同的做法。大刀阔斧的人会毫不留情地扔掉它们，再轻装上阵、施展手脚。谨慎稳健的人会暂时把它们搁置一边，尽管暂时还看不出它们的用处，但也许将来在创作环节中才能发现真正的价值所在。

对搜集的资讯进行分析整理是十分必要的，绝不能把自己淹没在资讯的海洋中！无论如何，因为参考意见太多而失去判断力的人是很难做好设计的。至于如何判断哪些资讯有用、哪些资讯没有用，是一个相当主观的事情，每个设计者都会有自己的倾向性和习惯做法。

为了找到真正有价值的东西，你可以列出一个表格，得出结论后，形成设计方案，写出市场调研报告（表格形式或文本形式）。

第三节　设计图与款式图的绘制

一、设计草图

一张好的主题概念板应该已确定了设计的基本方案，包含设计理念、服装设计的色彩、面料肌理、款式特点及所对应的消费对象等，这时候就可以展开款式的设计，将思维转化为可看得到的图形的一种表现手法。

草图一般不要求在形式表达上画得很好，只要在纸上画一些自己和能让老师看得懂的设计图即可。草图可以单件来画，也可以整套服装一起来画。为了节省时间，草图一般不用上色，如果实在要上色的话也只要一些大概的配色和图案。设计中涉及图案之类的设计运用，设计草图的过程中有时会产生一些如对面料、辅料、饰品等无法把握的情况，还需要进一步去了解更多的流行信息，对款式的设计及拓展很有帮助。

1. **单品设计草图**（图4-40、图4-41）

2. **加减法设计草图**

在基本款的造型基础上增加或减少的设计方法，进行适当的拓展延伸，增删款式细节后形成新款式的创造手法，"加"可以使款式变得丰富起来，可以加入不同造型的分割、分割缝缉线、装饰线等，细节丰富后，设计点就多了起来，消费群也会随之增加，通过不同色彩和面料的处理，服装的着装效果也会灵活多变。如图4-42所示，是以裤子的基本型进行加减法的设计。

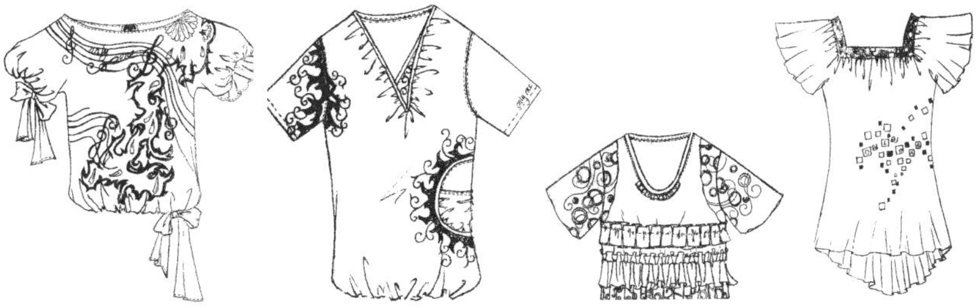

图4-40　单品设计

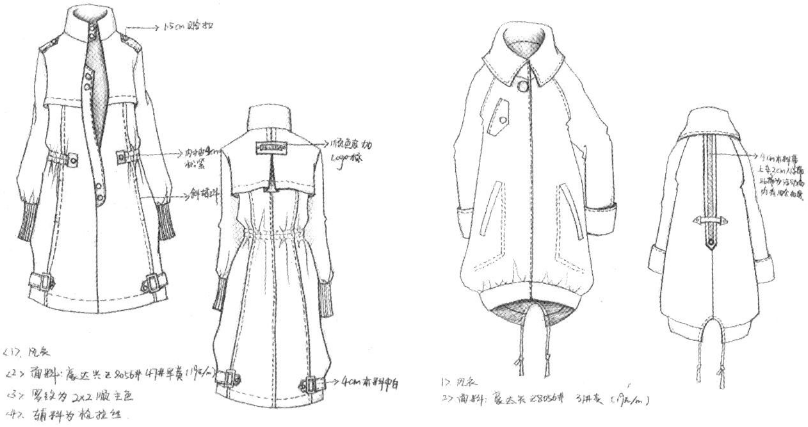

图4-41　单品设计

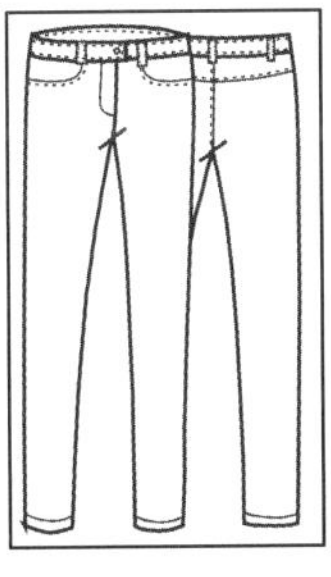

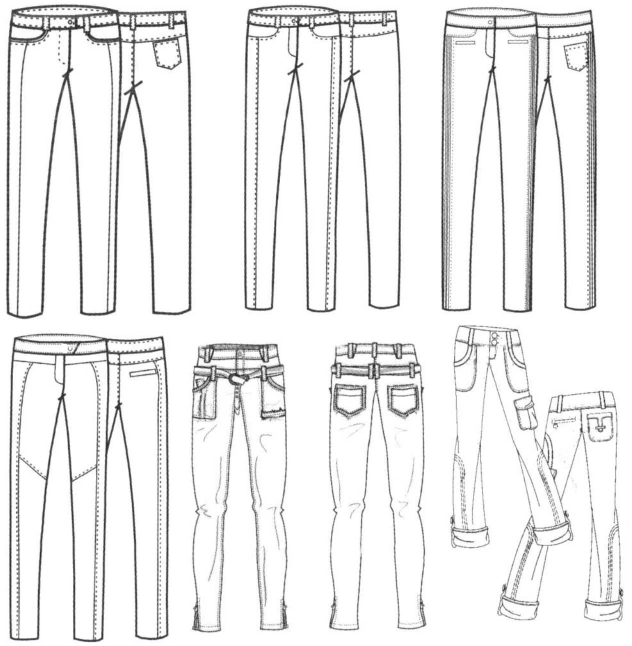

图4-42　裤子基本型加减设计

（1）单一的造型设计（图4-43、图4-44）。

（2）多样的造型设计，以裤和裙为例，要考虑不同消费群体的年龄、体型特点、文化层次、购买能力等因素，通过改变其长度、廓型、面料细节等形成多样化的视觉冲击，不仅丰富了设计细节，也满足了市场需求（图4-45、图4-46）。

图4-43　单一造型设计①

图4-44　单一造型设计②

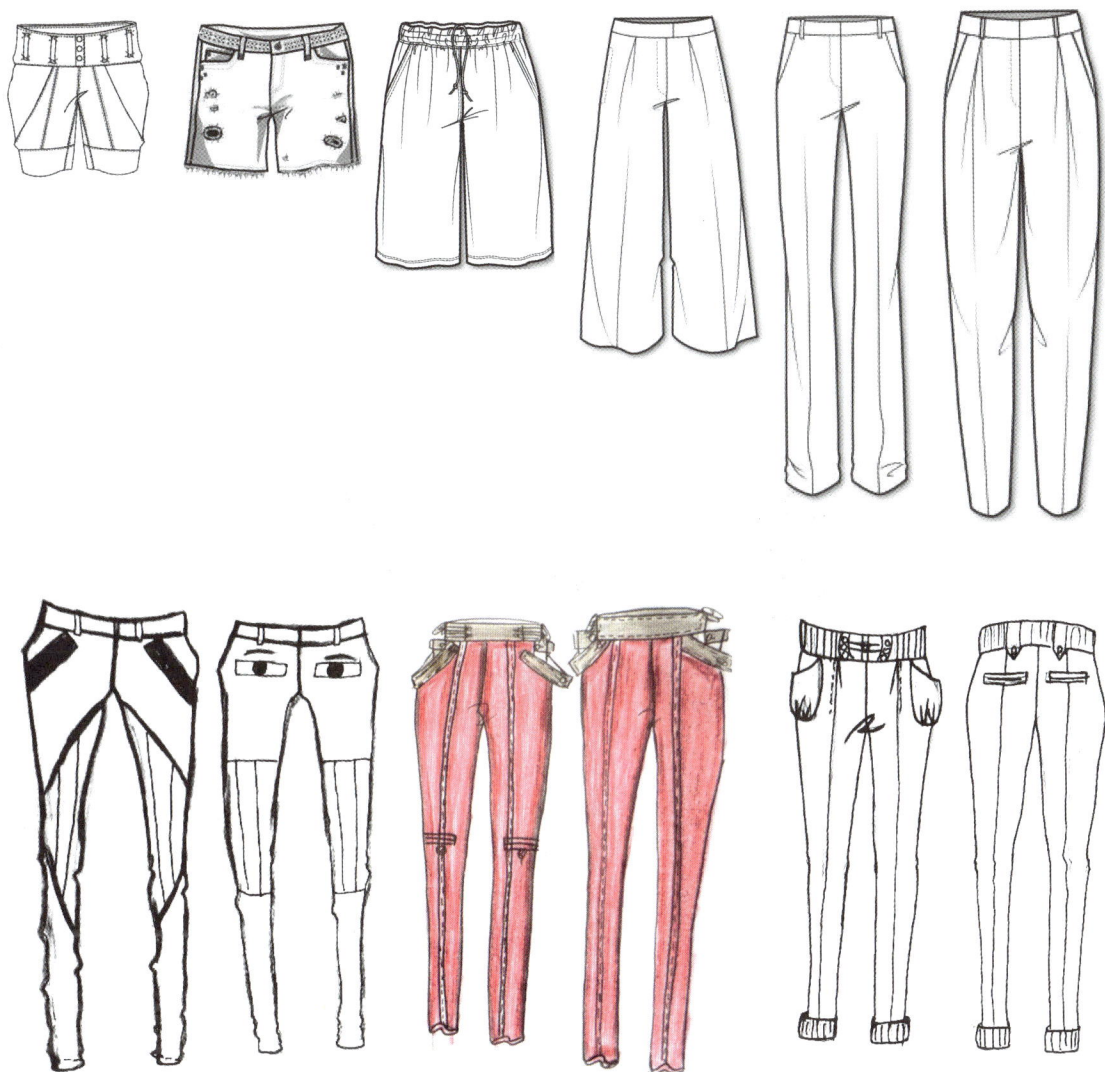

图4-45 多样造型设计①

图4-46 多样造型设计②

3. 系列设计草图

系列是表达一类产品中具有相同或相似的元素，并以一定的次序和内部关联性构成各自完整而相互有联系的产品或作品的形式。系列设计是指由一件以上的若干件服装组合形成一个系列，在毕业设计中主要是指风格、主题、面料、色彩等主要表现手法的一致性，是在统一、协调为主基调的情况下，进行节奏、平衡的变化原则。作为服装设计专业的毕业创作设计，从设计初期就要用系列化款式设计的思维方式进行设计（图4-47、图4-48）。

服装系列设计即服装群的成组设计。服装是款式、色彩、材料的统一体，这三者之间的协调组合是一个综合运用关系。在进行两套以上服装设计时，用形色质三方面去贯穿不同的设计，每一套服装中在三者之间寻找某种关联性，这就是服装系列设计。

图4-47　系列设计①

图4-48　系列设计②

学生在画系列设计草图（图4-49、图4-50）。

图4-49　学生绘画草图①

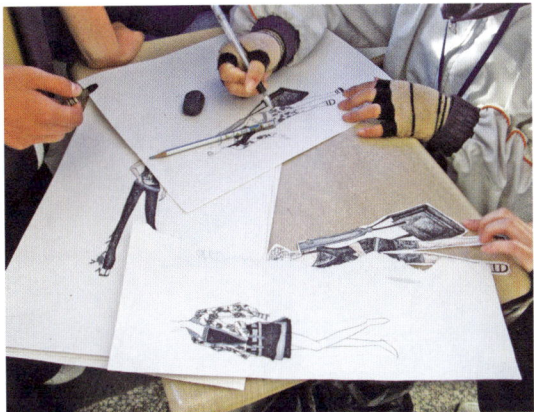

图4-50　学生绘画草图②

服装系列设计的要点：

（1）同一要素设计与应用。整体廓型或细节、面料色彩或材质肌理、结构形态或披挂方式、图案纹样或文字标志、装饰附件或装饰工艺，单个或多个在系列中反复出现，造成系列某种内在逻辑联系，使系列具有整体的系列感（图4-51、图4-52）。

图4-51　同一要素系列服装设计①

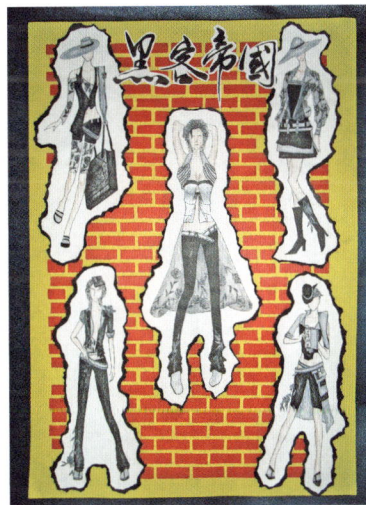

图4-52　同一要素系列服装设计②

同一要素在系列中必须作大小、长短、疏密、强弱、位置等形式上的变化，使款式的单体相互不雷同，也就是应使每个单体有鲜明的个性（图4-53）。但是这样异质的介入应当适度，否则群体的共鸣就没有了。

图4-53 同一要素系列服装设计

（2）系列设计中的统一与变化。服装的系列设计在统一、变化规律的应用方面，被赋予了大范围的统一和变化。为了使统一变化这对矛盾在系列的内部完美结合，通常表现出群体的完整统一和单体的局部变化（图4-54）。

图4-54 系列设计中的统一与变化

从服装系列设计的当今流行来看，系列服装趋向于灵活多变、不落俗套的个性化效果，需要对同一要素采取整减、转换、分离、重新组合等变异手法，在局部变化增强的基础上，以获得服装系列的统一性（图4-55、图4-56）。

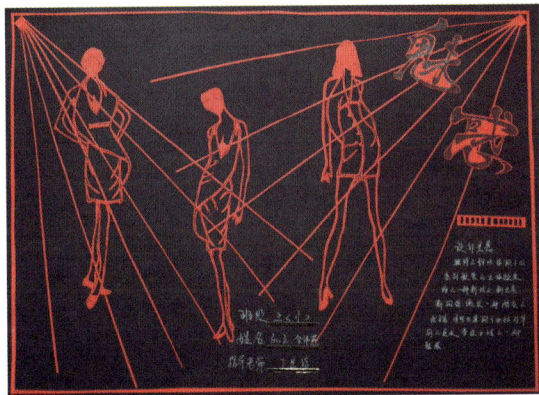

图4-55　系列服装统一性①

图4-56　系列服装统一性②

二、款式图的确定

服装款式确定后要画出具体的实物款式图，内容要比较丰富，包括服装部位的特殊工艺处理及缉线宽窄都要明确的表示出来，给人以直观的印象，便于面辅料的采购及配伍。设计图一般包括服装的正背面款式图、细节图、工艺说明、参考尺寸的制定、面料小样及辅料的质量、数量及规格要求。

正确的服装比例是制图的依据，因此在绘制款式图时可以按照1：5或1：3的比例来进行绘制，或者将制图规格按比例放缩后进行绘制，无论选择哪种方法，只要可以看出服装的长宽比例、局部与整体的比例、局部与局部之间的比例关系，并且造型美观，部件完整就可以了。

设计生产图的要求：

（1）绘图工整，有设计编号、设计者。

（2）要给出可参考的服装规格（公司有指定规格除外），细节部分要标注，特殊部位设计要有放大图片。

（3）充分表现结构和工艺特点，特殊工艺比如水洗、印花、刺绣等最好也标识出来。

（4）标识商标、洗标的位置，如果公司有明确的规定，则不用重复标识。

对于特殊部位的放大说明是很关键的，不同的工艺要求，呈现出来的外观效果也是不同的，比如卷边与包边、镶嵌和结构分割、印花与绣花、立体袋和明贴袋、平缝与包缝制做出来的成衣服装效果是不同的。线迹的表现由于缝纫线粗细、颜色、距离的不同，呈现出来的半立体状态也是不同的，制板时放缝的要求就有所区别（表4-8、表4-9）。

表4-8 锥型裤款式细节

正反款式图及款式细节说明	
	产品类型：锥型裤
	裤长：
	辅料小样：
	面料小样：
	成分：
	面料：
	辅料：
	配料：

袋盖　斜格　5.5cm　四合扣　0.3cm牙签褶

四合扣

侧缝裤口闷开口拉链

18cm

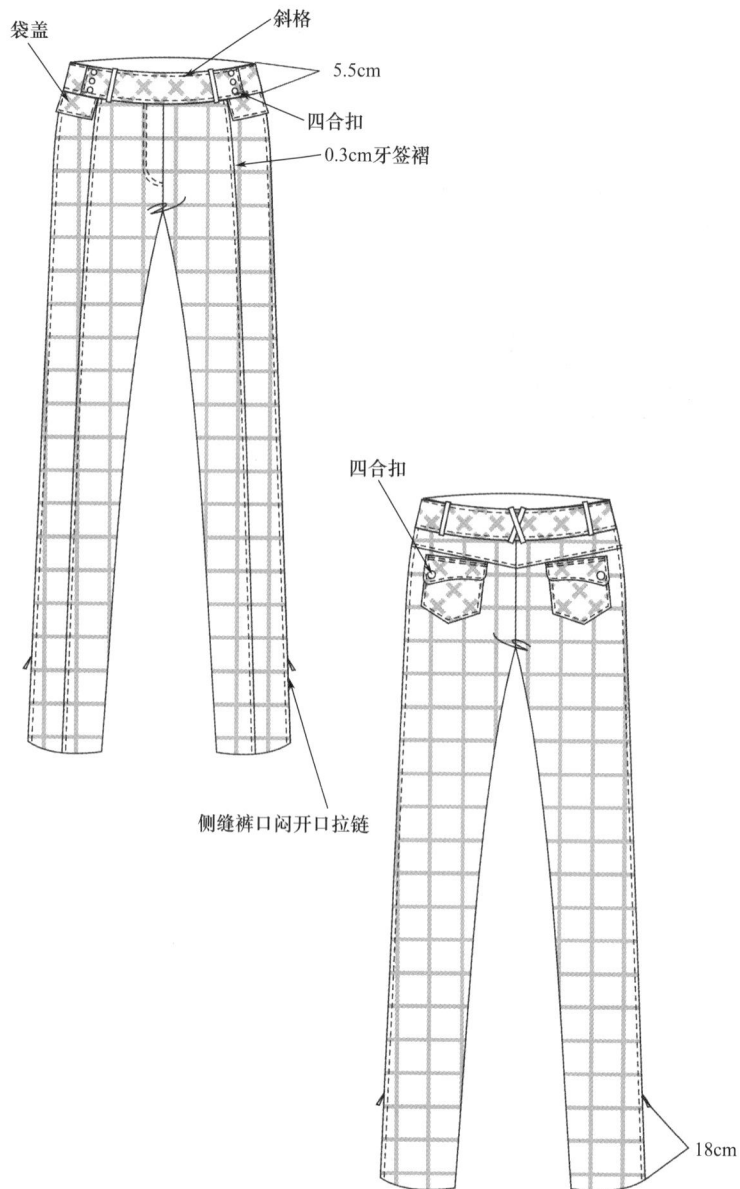

1. 合体紧身锥型裤
2. 裤口开拉链

备注：

表4-9　外套款式细节

正反款式图及款式细节说明	
  后领座用本布面料 双止口线0.1(配色) /0.8cm(拱针，撞色) 丝绒 单止口线0.1cm 袋盖 双止口线0.1(配色) /0.8cm(拱针，撞色) 袖口微喇宽7cm 腰部装拉链，使下摆可脱卸 丝绒 肩后借 腰部装拉链，使下摆可脱卸	产品类型：外套
	衣长：58cm
	辅料小样：
	面料小样：
	成分：
	面料：
	辅料：配色里布
1. 参看图片 2. 腰部袋拉链，使下摆可脱卸 3. 双止口线0.1（同色30#线）/0.8cm（拱针，异色8#线）单止口线0.1cm	配料：纽扣 　　　拉链
备注：	

三、设计效果图面料的表现

选择面料是一门艺术，服装设计师要从三个方面设计创作。一是不断完善作品，要将设计技巧最大限度地展现在实践过程中，这样才能拥有完美的设计。二是运用合适的色彩和面料激发灵感并构建作品风格。三是使用人台立裁设计，这样才能确保面料的质地和悬垂性符合作品的要求，这是确定面料必不可少的步骤。同时，也要把选择的过程展现在设计手稿中。

1. 把设计作为重点

合适的面料可以更好地展示那些缝制精细、结构复杂的作品，同时又不会掩盖设计本身的光彩。设计时，要把重点放在面料或服装结构上，确保两者不会互抢风头或出现其中一方掩盖另一方的情况。比如，用羊毛制作有侧缝的女士晚礼服，由于面料的质感厚重、密度过大，因此会降低礼服性感的线条表现力。同样，带有印花图案或串珠的面料更适合用来设计简单、无肩带的晚装系列，而不适用于那种风格硬朗的服装造型。面料可以实实在在地体现你要表达的东西。从奢华的皮草到光滑的高科技纤维，这些都可以清晰地层示你的设计理念和最终效果。

2. 发挥面料自身在设计中的作用

要通过面料自身的重量和悬垂性来表现服装的造型。如果面料不能与造型相搭配的话，那么设计就会缺乏表现力——这样就会使整个作品失去说服力和相应的水准。如果面料本身柔软、悬垂性好，就不需要刻意去剪裁。如果要设计大气、硬朗的服装，就要确保面料本身的挺括感，而不是依赖后期一些复杂的工艺去达到效果。

面料都有自身的特性，通过造型强调其特性能够更好地彰显设计的魅力。对薄而轻的绸缎要采取宽松的剪裁，这样才能表现其轻盈、透明的质感；而对质地厚重的面料则要尽量避免打褶或悬垂，这样才能彰显其简单、合体的特点；对像查米尤斯绸缎这类光亮、细软的面料，则可以采用打褶、斜裁的方式来体现其灵动的美感。

3. 变换面料的重量

不同重量的面料可以确保服装廓型和结构的多样性。作品可以设计为简单利落的款式，也可以是悬垂性强并且柔软的造型，但同时可以加入一些相反的元素通过对比强化设计主题。这一方法在绘画中也很常见，如为了表现昏暗的色调，艺术家必须要使用一些明亮的色彩与之形成对比，才能达到效果。常用的方法是在同一个系列的作品中，用不同的面料裁剪款式相同的服装，从而将不同的面料特性表现出来，产生不同的视觉效果，在反复取舍后选择其中一种进行制作（图4-57）。

织物的质地、重量和色彩等方面的相互作用创造了一个充满动感的面料故事板。设计师对织物的运用以及对面料特性的把握，体现了作品的灵感来源。面料可以通过衬里织物或针法结构进行改进；而当模特穿上服装的时候，就能展现出这些改进所带来的魅力了。

4. 对比性和一致性

不同的面料在设计中形成的这种对比强烈的效果使作品产生了一种古怪但又和谐的审美取向。同时，不同的廓型和制作方法也将这种对比表现得更加明显（图4-58）。设计师常在同一个系列的作品中，用不同的面料剪裁几款样式相同的服装，从而将不同的面料特征用相同的廓型体现出来。比如一件军用防水短上衣可以用粗糙挺括的棉帆布剪裁作为日装，而用光滑的查米尤斯绸缎剪裁作为礼服使用，只需在细节和比例上稍作改动即可。这不仅可以使同一款设计产生两种视觉效果，同时也确保了设计的内在统一性（图4-59）。

图4-57　同款式不同面料设计

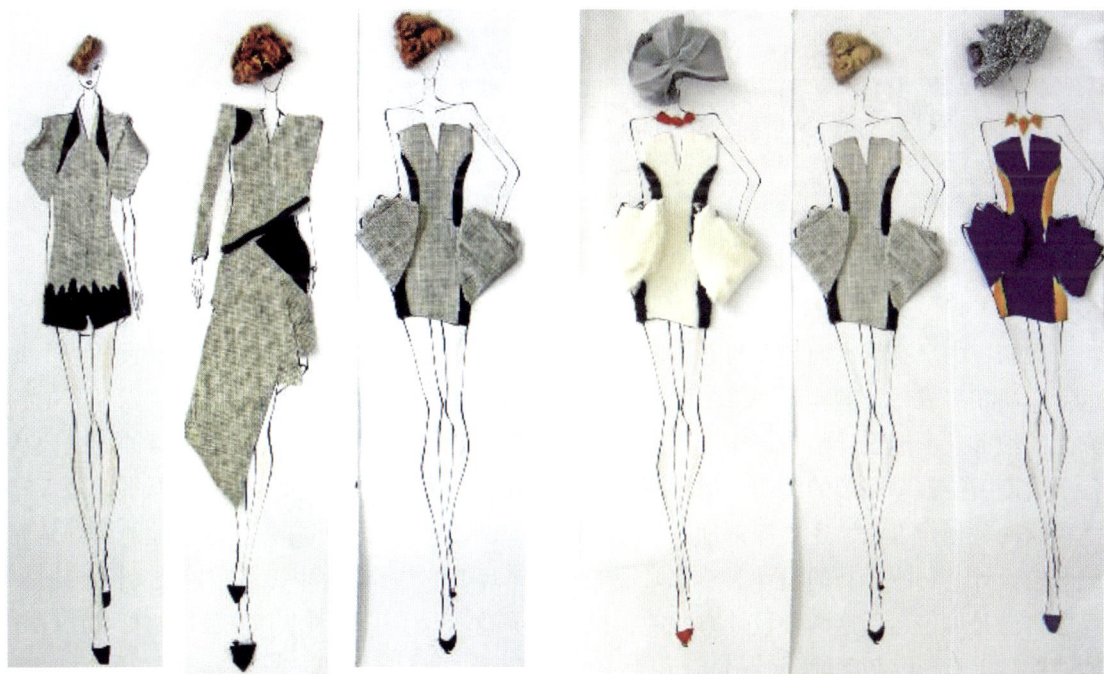

图4-58　面料一致性

图4-59　面料对比性

第四节 样板制作及实例

一、样板制作

服装样板的制作便是毕业设计实现的首要环节，服装毕业设计样板的制作一般是先画1：5结构小图，完善后在进行1：1制板，学生可以选择手工制板和服装CAD制板两种方式，也可以同时进行，具体的结合实际的动手能力，因人而异。图4-60是学生在使用服装CAD制板，图4-61是学生在老师的指导下手工绘制1：5样板。图4-62为学生在制作毕业设计1：1样板。

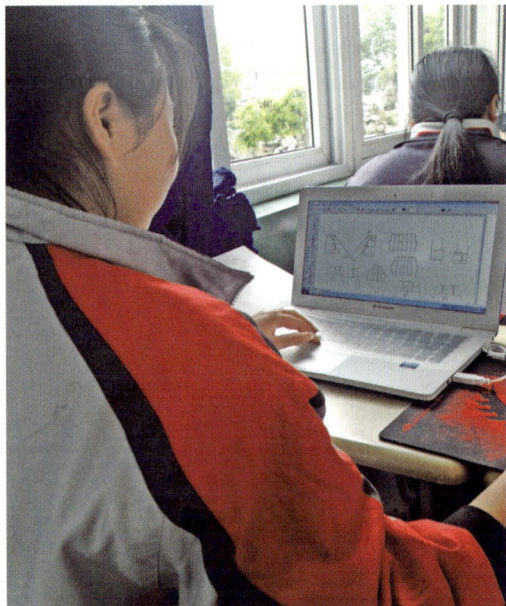

图4-60　CAD制板

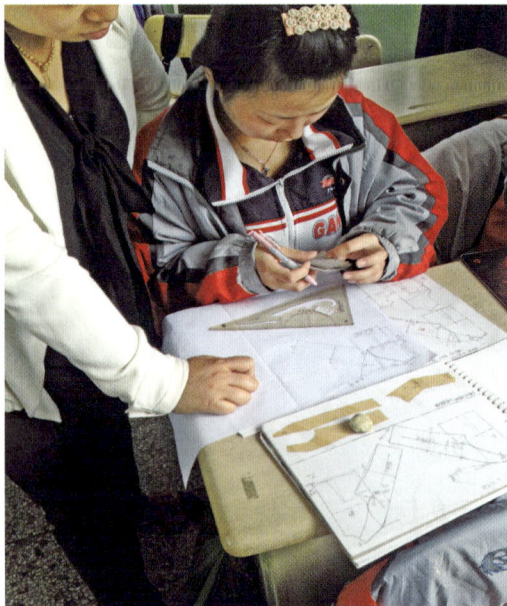

图4-61　1：5制板

在制板中只有将平面制图与立体裁剪相结合才能满足不同风格服装的设计制板任务，要想使作品获得成功，就要关注服装的每一个方面，包括面料选取、服装整体比例以及其他各方面的细节。虽然设计师在创作过程中会注意到前后衣片结构的设计，但最关键的还是要从各个角度关注整个服装的结构。运用不同的设计方法——设计师不但要同时掌握平面制板和立裁这两种创作方法，还要深刻理解两者在每一个设计阶段的相互作用，这样才能更好地完成服装设计。每一个新的设计灵感都来源于上一个环节的创作过程中，在创作过程中要时刻反思自己是如何运用这两种设计方法的，只有熟练地掌握了平面创作和立裁这两种方法，才能使作品更具广度和深度。

制作样板时，应考虑服装的款式、服装结构、裁片缝份和面料的质地，考虑面料的缝纫缩率、熨烫缩率及折转缩率，做好定位标记及文字标记。

图4-62 1:1制板

样板上的文字标记包括以下的内容：

（1）产品型号：同一产品的型号如有几种不同的款式，应在型号下标注清楚，以免混淆。

（2）产品规格：样板上必须清楚无误地标明产品的规格以及各部位的规格。

（3）样板种类：样板上要分别标明面料样板、衬料样板、里料样板、劈剪样板等种类名称。缝纫时用的净样板、熨烫时用的扣烫样板都要分别标注清楚。

（4）样板位置：有的产品，样板左右不对称，应在样板上标明左右片和正反面。

（5）丝缕线：样板上应醒目地标明经纬方向，斜向面料的样板要标明丝缕方向。

（6）零部件：零部件上应标上向上或向下、前或后的方向标记。

（7）片数不固定的零部件：应尽量用图章印上，其余用正楷书写，图章印记及手写书均要端正，不可涂改。

制板时应该注意的问题：

（1）对于有倒顺毛、倒顺花的面料，应标明方向。

（2）有大型图案的应在图纸上标明图案的位置。

（3）条格料应根据款式标明丝缕方向；格距较宽的对格要求高的，应在样板上画上对格标位，以便进行裁剪。

（4）此外，在一般面料的制图样板中，也应标明丝缕方向。

二、制板实例（表4-10）

表4-10　斜领女式紧身裙样板

款式名称	斜领女式紧身裙		
正面款式图	背面款式图	制图比例	1：5
		学生姓名	金佳蕾
		指导教师	冯美芳
		号型	160/84A
		部位	规格（单位：cm）
		衣长	80
		胸围	88
		腰围	66
		臀围	94
		袖长	60

前片　　后片　　袖片

第五节　工艺制作

一、生产工艺单

生产工艺单是服装生产和加工的主要技术文件，一般要求是有下单服装的规格、服装正背面款式图、平面工艺分解图、生产工艺细节（面辅料、裁剪、工艺制作、包装要求、特种机器使用）、服装加工工序及用时等都要在工艺单中说明，常规的部位可以简写，特殊工艺要详细说明（表4-11）。

表4-11 太平鸟男装样衣生产通知单

款号：男装项目 060203020204-204		
名称：男士休闲夹克		
下单日期：2007年11月	完成日期：2007年12月12日	

款式图：

规格表（M码） 号型：170/88A 单位：cm					
部位	尺寸	部位	尺寸	部位	尺寸
衣长/裤长	72	肩宽	47	挂肩	
胸围	110	领高	3.5	前腰节	
腰围		前领深	8.5	后腰节	
臀围		前领宽	8.5	下摆宽	
袖长	62	后领深	2.3	裤脚口宽	
袖口	30	后领宽	9.1	立档深	5

工艺说明：
多处运用挖袋的形式来表现，里料运用分割来增加美观，胸袋的搭克间距为1cm，三个连排，特别的挂面设计以斜条包边来表现

面料：呢料	辅料：
里料：条纹里子	包边条、纽扣、金属拉链、黑色 人字带、商标
绣花印花：	
水洗：	

款式说明：此款为休闲男夹克，款式简单干练，前胸暗拉链，运用时尚气息的搭克胸袋，简洁的双嵌线挖袋，里料的分割缀线美观又实用，内部设计突出了男装的内涵

改样记录：
袋位有所改变，去掉了背部的袢带，后贴片大小改动，袋口大改为15cm

设计：李慧 制板：李慧 样衣：李慧

二、白坯布试样与样衣制作

1. 白坯布试样

白坯布又称薄亚麻织物，是一种廉价的素色面料。裁剪时要确保白坯布的重量和最终服装作品使用的面料重量相似，这样才能呈现出预期的服装效果（图4-63）。

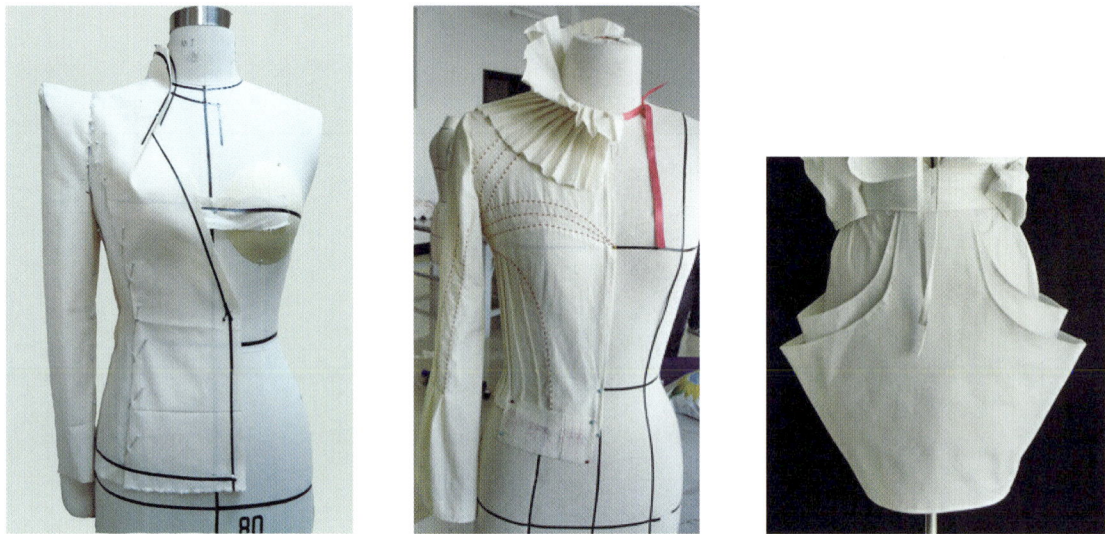

图4-63　白坯布试样

完成效果图、平面款式图设计和面料样品的整理工作后，设计师就要在样衣制作的基础上进行整个服装系列的设计了。在使用最终确定的面料进行设计前，用白坯布在人台上进行剪裁可以帮助设计师解决一系列有关服装尺寸、合体度以及廓型等方面的问题（图4-64）。

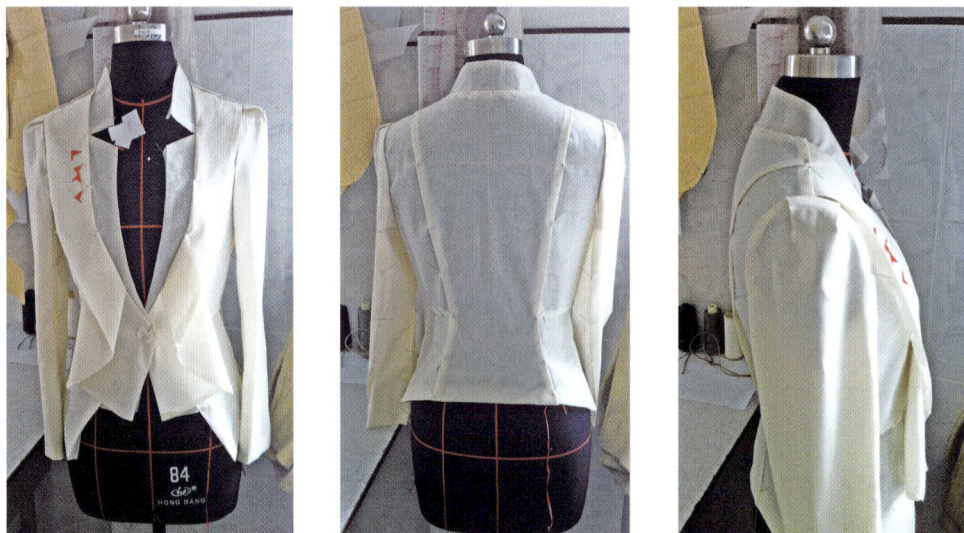

图4-64　样衣制作

设计师要明确的是，一旦开始剪裁，那些设计手稿就只能作为参考了，因为平面图与实际的裁剪是有很大差异的。所以，在裁剪的过程中要不断对原有的设计想法进行改进，并找到更加合理的设计方案，以使自己的创作更符合服装设计要求。

设计手稿中有价值的设计想法或是令人眼前一亮的服装造型，有可能在裁剪的过程中达不到预期的效果，这就需要设计师根据实际情况对设计做出适当的更改和调整。不要把设计手稿中的每一个细节原封不动地搬到立裁中去，要有取舍地通过立裁进行二次创作。

在制作最终样品前，要用白坯布对所有款式进行样衣制作。同一系列的服装设计强调款式间的关联性，在创作最终成品前要先用白坯布完成样衣制作，这样可以确保服装风格的统一性，使设计师更加明确设计方向，同时也为设计师提供了充足的时间去完善设计想法。

（1）记录要点：通过做笔记、修改草图和拍照，对模特的整个试穿过程进行跟踪记录，及时发现实际立裁中存在的问题，确保服装细节部分的修改工作更顺利地进行，以达到预期效果。

（2）观察效果：试穿后服装呈现的三维效果，包括坐姿和站姿，发现设计中存在的问题，便于你进一步提升服装的设计效果做准备。

（3）发现灵感：如果说设计草图是凭空的想象，那么试样就是真实再现的过程，比如设计时你选择的是荷叶边的元素，在试样时要怎样表现呢，是采取层叠还是错接都会产生不同的效果；比如服装上面有褶裥的元素，是选择规则的褶裥还是不规则褶裥，是选择碎褶还是西服裙上的阴褶，效果又是不同的。因此善于从现实中寻找素材对于设计者来说是很关键的。很多服装上面奇特的造型不是一味的想象，而是经过实践操作验证而来的，这种过程不是你想象的那样简单，很多设计大师光鲜的设计背后付出的努力也是非常人所能及的。

（4）结合实际操作，总结出在白坯布试样的过程中要经过连续的创作才能实现设计任务。

2. 样衣制作

（1）是否需要修正服装的廓型？回顾整个系列设计中的廓型。是否有不和谐的廓型需要修改或调整，要使整个系列看起来整体统一又富有变化，这一步一定要深思。

（2）选料是否合适？在最终确定面料之前，首先要做的就是将不同的面料运用到人台上进行"模拟立裁"。进一步确认所选面料是否符合设计要求，最后找到组织结构和重量都与廓型相匹配的面料。不同面料的视效不同，因此设计者要详细地了解面料的特性，比如薄绸剪裁宽松、呈波浪状；而质地柔软、有光泽的面料在不同灯光下的视效也不同。

（3）试穿样衣和调整。试衣过程中不仅可以将服装穿在人台上进行立体呈现，也可以在寻找真人模特进行试穿，这样做更加贴近实际，能完美的呈现服装的艺术效果，对于要修改的地方也可以标记出来，然后进行样板修正，改进后才能开始裁剪面料（图4-65）。

（4）作品检查。将整个系列的设计作品作为一个整体进行评鉴、思考，服装是否有统一的风格，面辅料是否搭配恰到好处，服装的成品尺寸、比例、廓型是否达到预期的审美取向……，服装面料样本、纽扣大小、缝制线等细节都要严格检查，对待特殊的面料处理更应该仔细审核。

图4-65　试穿样衣

三、成衣制作

1. 裁剪时应该注意的问题

（1）对于有倒顺毛、倒顺花的面料，应标明方向。

（2）有大型图案的应在图纸上标明图案的位置。

（3）条格料应根据款式标明丝缕方向；格距较宽的对格要求高的，应在样板上画上对格标位，以便进行裁剪。

2. 服装后整理

毕业设计作品完成后，在等待动静态展示或者是评价时要完成以下几项工作：

（1）挂在衣架上，等待检验的服装款式，要熨烫平整并用防尘袋装好。如果针织类服装，则要装在特殊的袋子里以防织物弹性受损，并做好防霉防潮处理。

（2）完成所有缝合线迹、镶边和后整理细节工作。

（3）服装上不能留有安全别针、线头、双面胶带或其他一些未完成的后整理细节，褶边要平整。

（4）服装上不能有划粉标注、内褶线迹、假缝线迹。

（5）纽扣、纽孔、拉链、按扣、金属扣眼及其他所有的装饰性物件都要缝合到位。刺绣、印花等所有特殊制作工艺都要精工细作。

（6）服装外观整洁，无胶痕、无褶皱。衬里缝合到位，服装的镶边缝合不能裸露在外。

四、服装搭配

成衣完成以后剩下的工作就是选择合适的服饰配件，包括鞋、帽、手套、眼镜、包、项链、手链、手环等，学生要将自己设计的服装精心的搭配后，完善表现设计理念和穿着的方式。最后可以拍成照片，留作静态展示和收藏之用，以往的毕业设计中，一部分学生随便选择同学试穿，然后拍照；另一部分学生请校园模特队的学生试穿然后拍照，后者略好于前者，但是由于模特妆容、拍摄灯光和背景的限制，效果并非理想。其实学生也可以走上街头去发现适合自己毕业设计着装的"模特"，她也许是服装专卖店的店员，也许是与你擦肩而过的回头率女神，也许是服装展厅或商场的一些仿真模特，有了这些特殊的模特，再结合设计服装选择精美合适服饰配件，你的成衣搭配效果一定更加完美。当然，如果条件允许，可以找专业的团队进行最后成衣搭配效果的拍摄任务，让毕业设计的服装绽放夺目光彩！

第六节　日常生活装毕业设计文本案例

以下为2009级学生金霞、金小芳、张金琛、金佳蕾的毕业设计"都市节拍"文本案例。

1. 调研报告

（1）款式灵感。

短裤西装套装是2014~2015秋冬女装西装系列的重点换季单品，非常适合现代少女装市场（图4-66）。

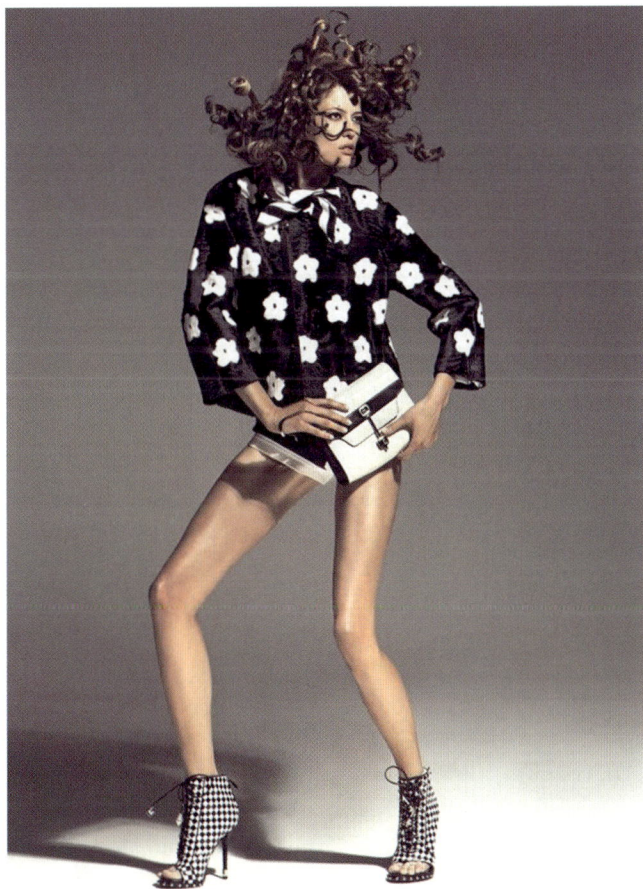

图4-66　短裤西装套装

　　2014～2015秋冬女装西装系列中重在突出极具新意的设计，其中裙装西装套装是重点驱动力。裙装套装的设计灵感来自非常流行的半身裙廓型，包括圆形半身裙、超短半身裙和铅笔半身裙（图4-67、图4-68）。

图4-67　圆形半身裙

图4-68　裙装套装

（2）色彩与面料灵感（图4-69、图4-70）。

图4-69　色彩灵感

图4-70　面料灵感

2. 效果图（图4-71）

图4-71　都市节拍效果图

3. 款式结构图（图4-72～图4-80）

第一套

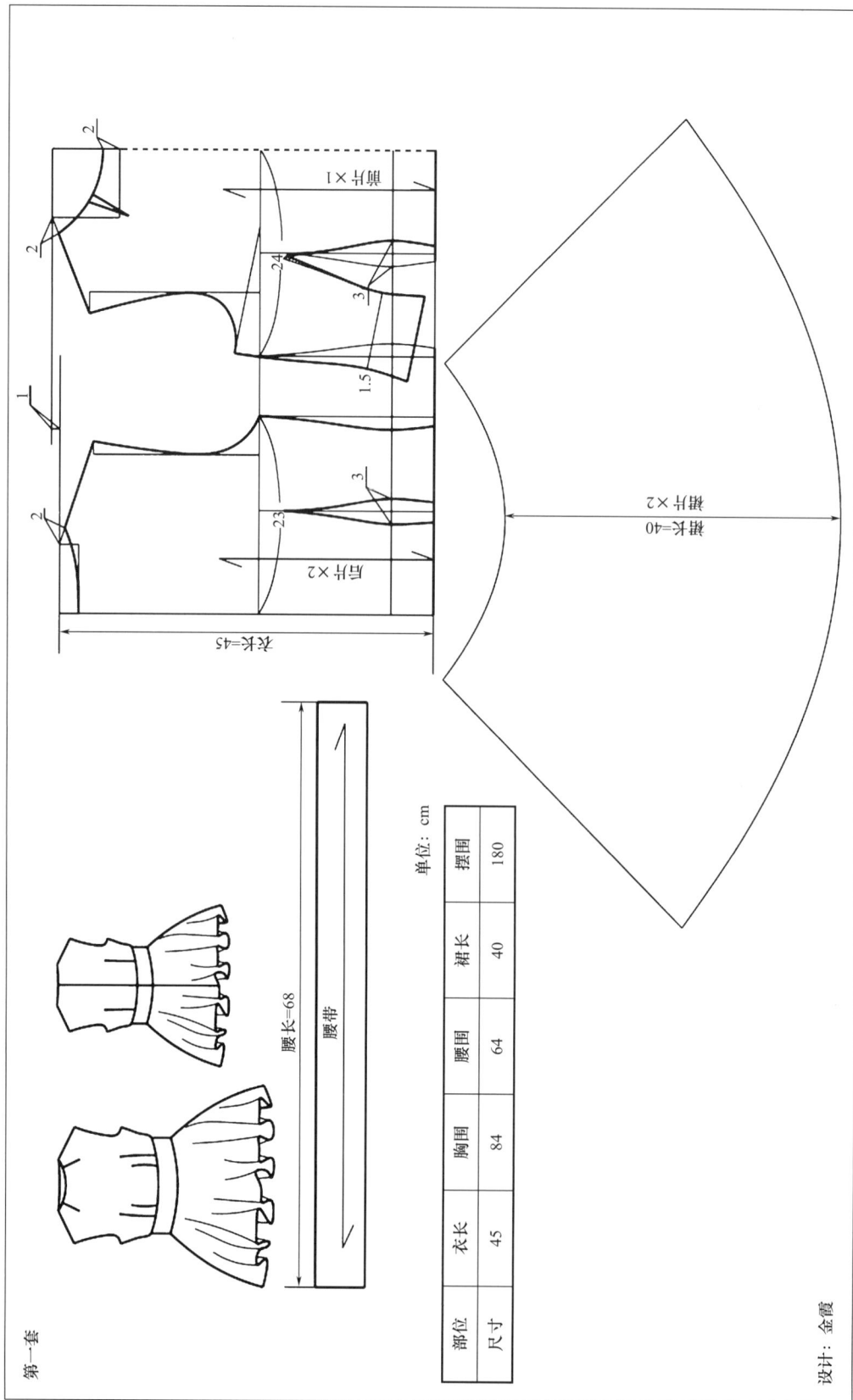

部位	衣长	胸围	腰围	裙长	摆围
尺寸	45	84	64	40	180

单位：cm

图4-72　第一套款式结构图

设计：金霞

第二套

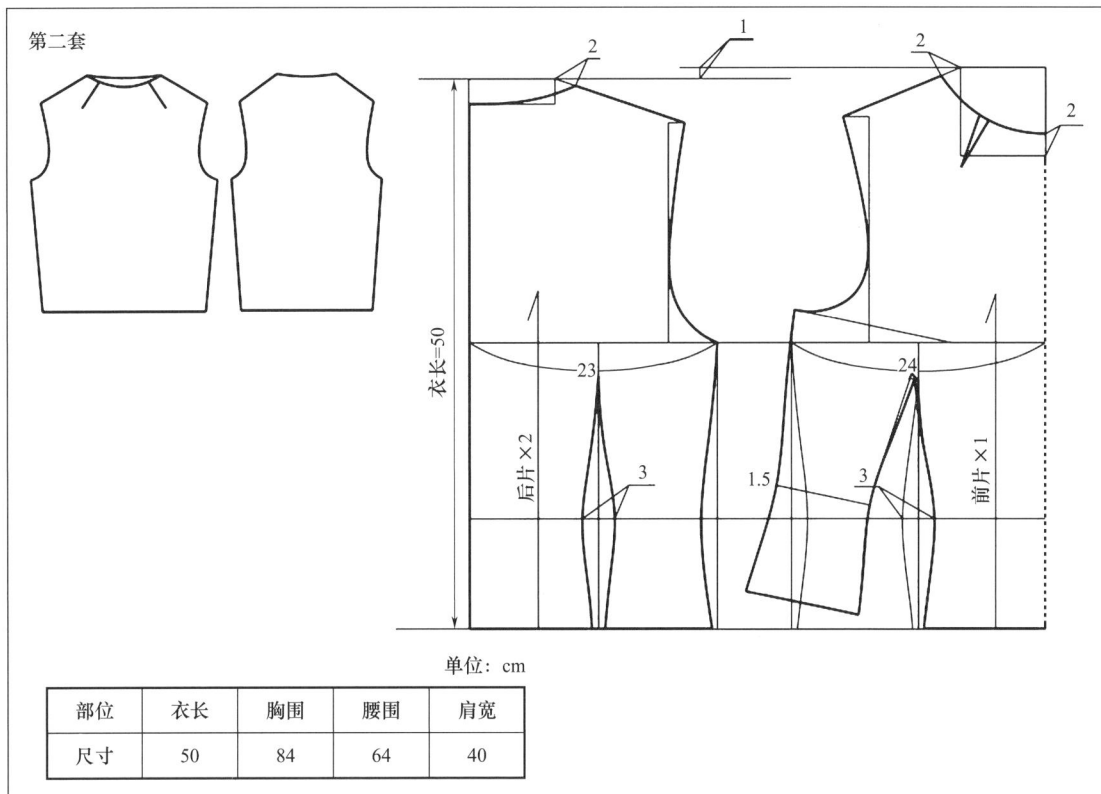

衣长=50

后片×2

前片×1

23

24

1.5

3

3

单位：cm

部位	衣长	胸围	腰围	肩宽
尺寸	50	84	64	40

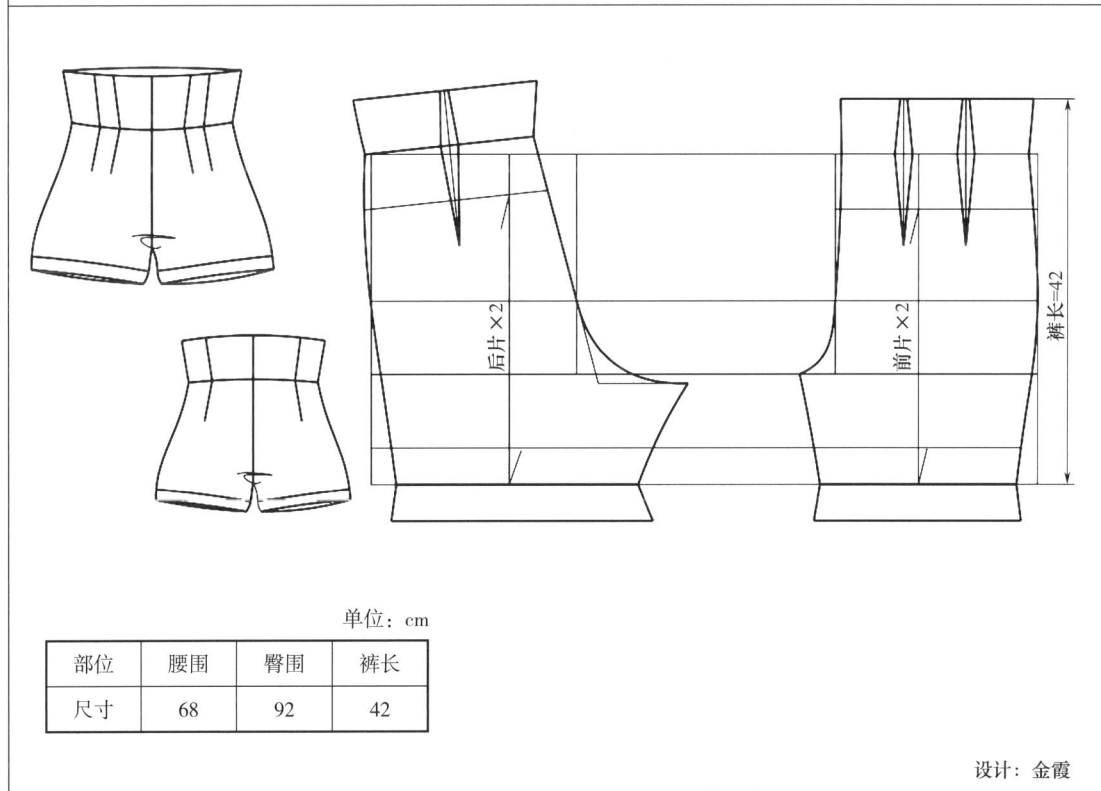

后片×2

前片×2

裤长=42

单位：cm

部位	腰围	臀围	裤长
尺寸	68	92	42

设计：金霞

图4-73　第二套款式结构图

第三套

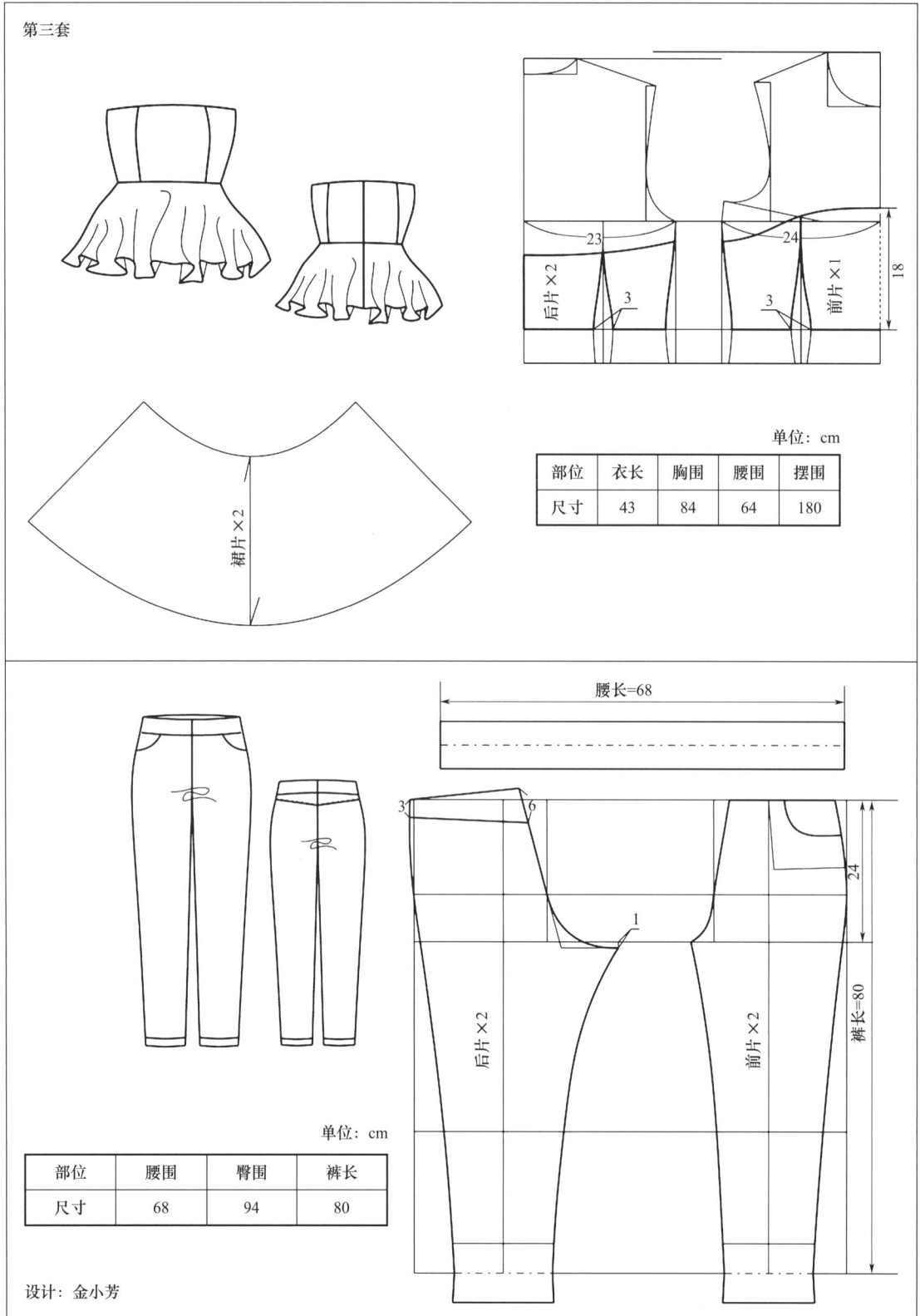

单位：cm

部位	衣长	胸围	腰围	摆围
尺寸	43	84	64	180

单位：cm

部位	腰围	臀围	裤长
尺寸	68	94	80

设计：金小芳

图4-74　第三套款式结构图

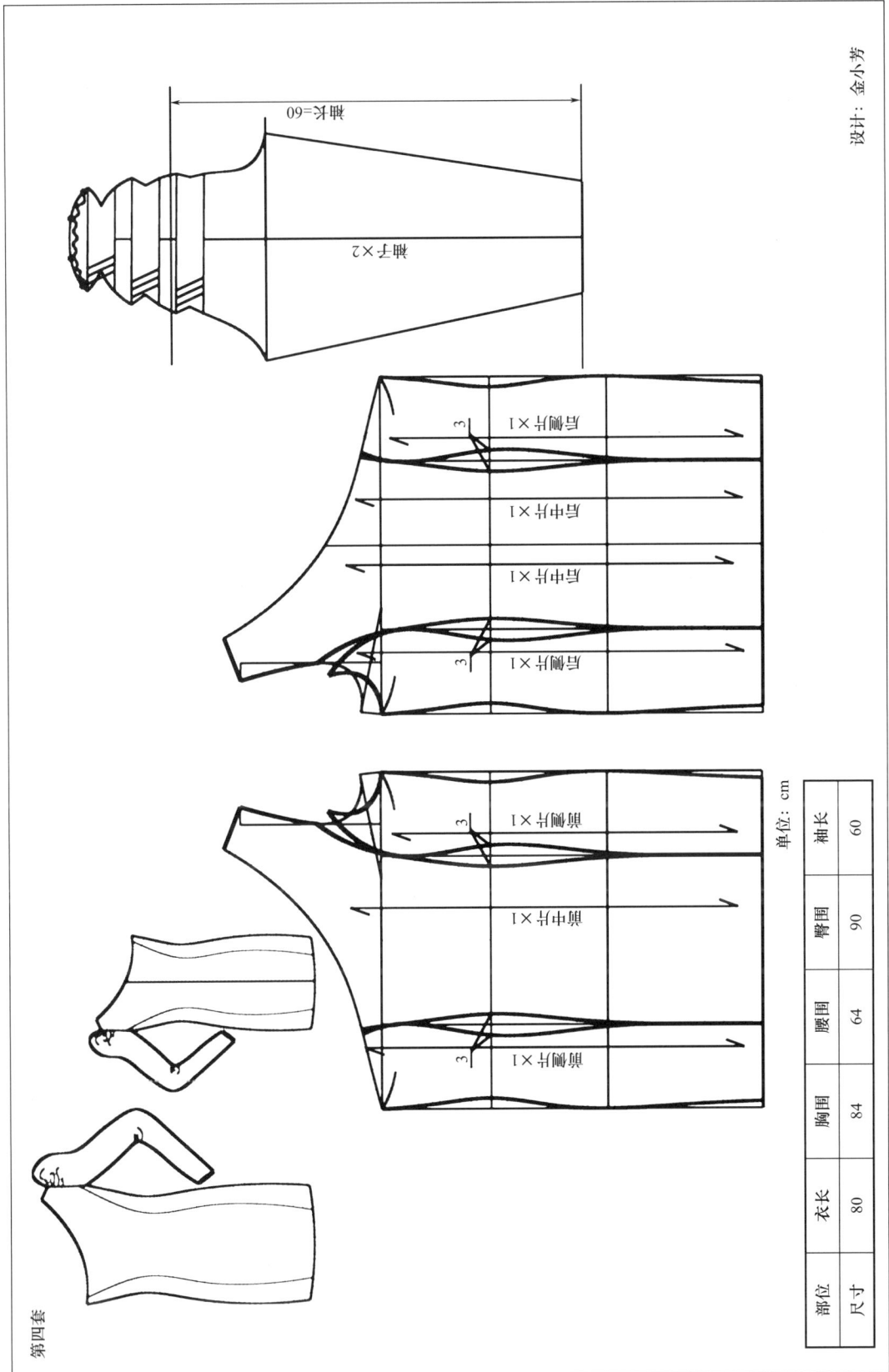

设计：金小芳

单位：cm

部位	衣长	胸围	腰围	臀围	袖长
尺寸	80	84	64	90	60

图4-75　第四套款式结构图

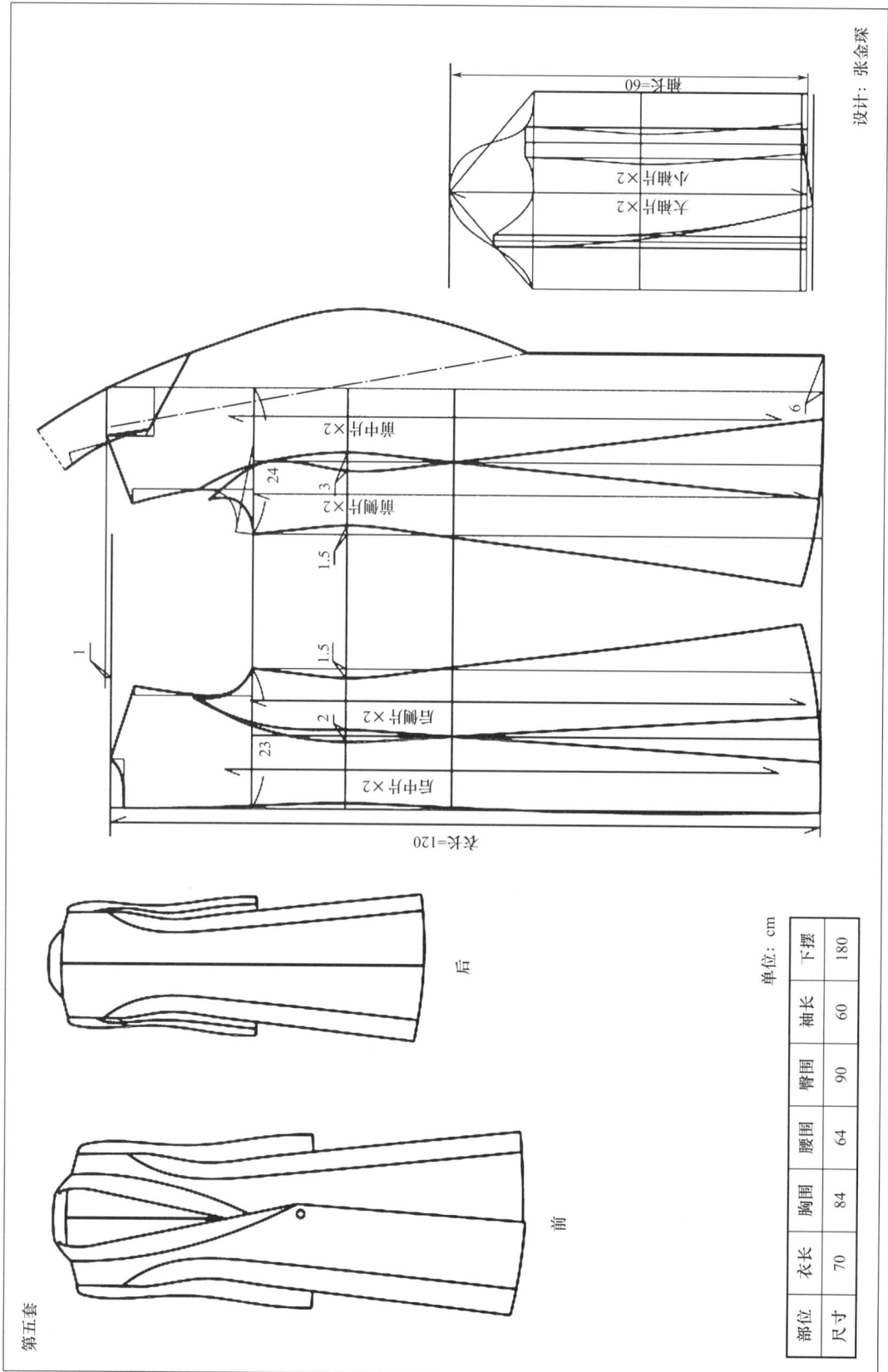

设计：张金琛

袖长=60

小袖片×2

大袖片×2

大袖片×2

后中片×2

后侧片×2

24

3

1.5

1.5

1

前侧片×2

2

23

前中片×2

衣长=120

6

后

前

第五套

单位：cm

部位	衣长	胸围	腰围	臀围	袖长	下摆
尺寸	70	84	64	90	60	180

图4-76 第五套款式结构图

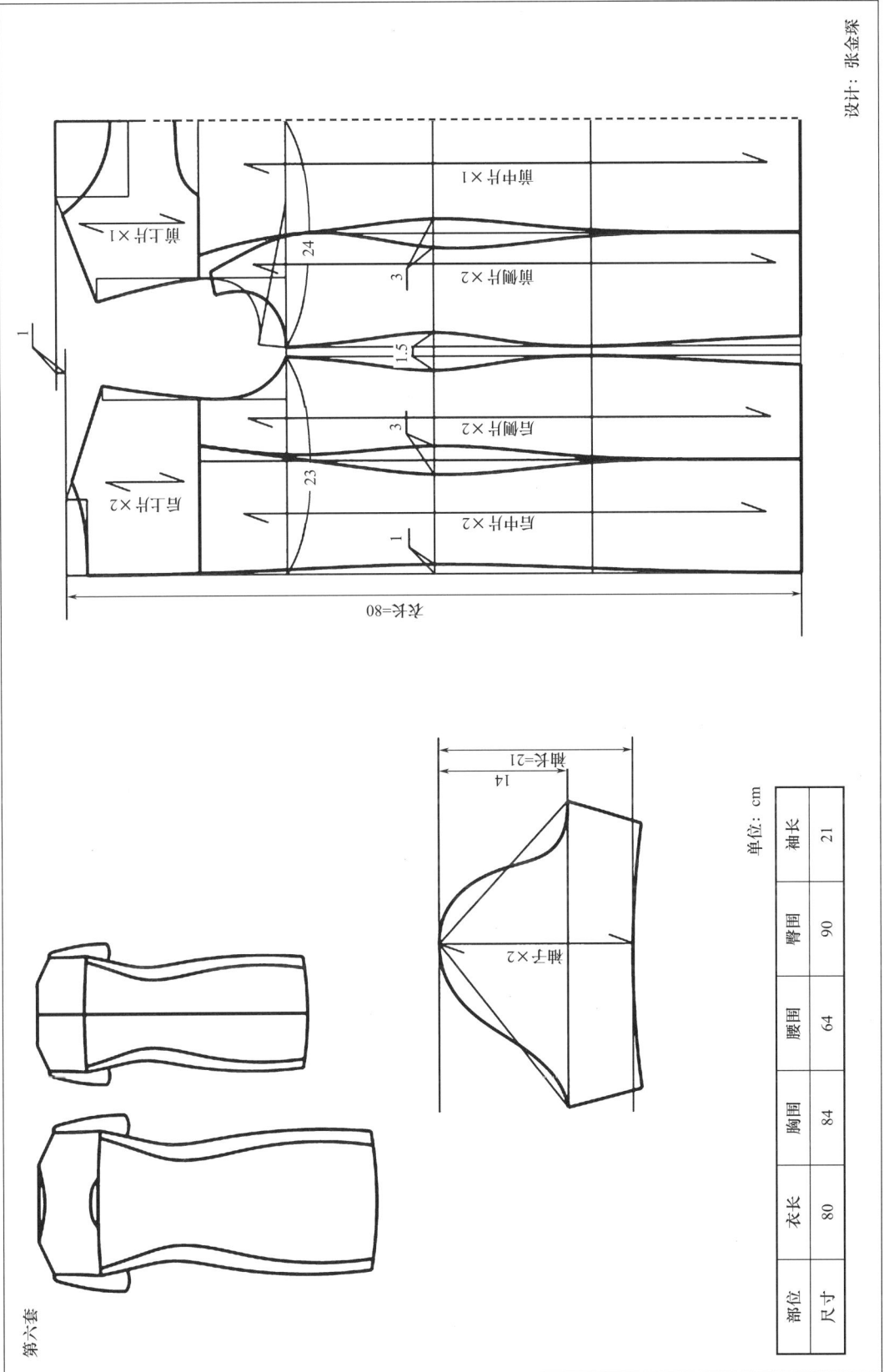

设计：张金琛

前中片×2　前侧片×2　后侧片×2　后中片×1　后上片×1　前上片×2

衣长=80

23　3　1.5　3　24　1

袖长=21　14　袖子×2

单位：cm

部位	衣长	胸围	腰围	臀围	袖长
尺寸	80	84	64	90	21

第六套

图4-77　第六套款式结构图

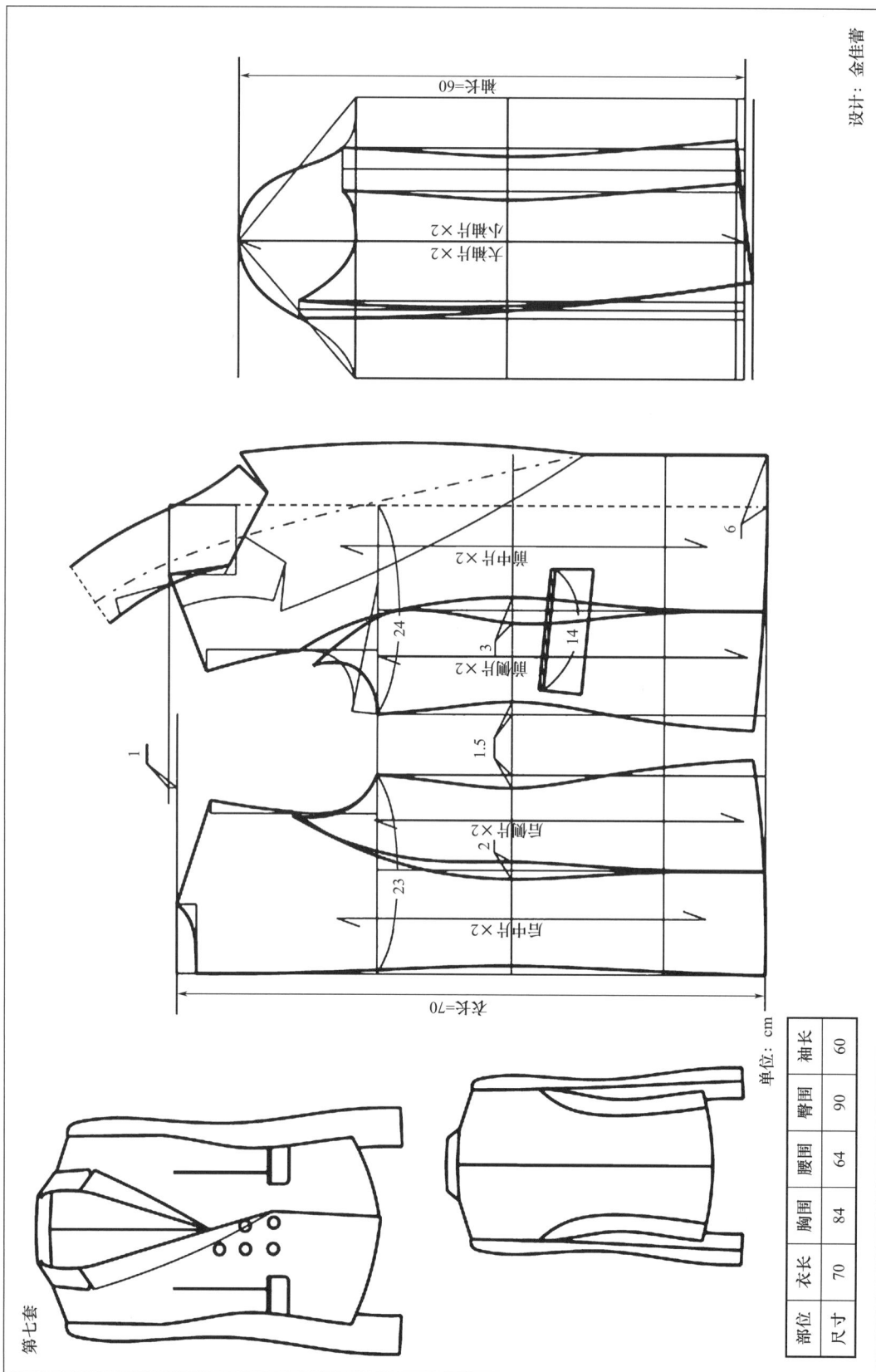

设计：金佳蕾

袖长=60

大袖片×2

小袖片×2

6

侧中片×2

24

侧腰片×2

3

14

1

1.5

后背片×2

2

23

前中片×2

衣长=70

第七套

单位：cm

部位	衣长	胸围	腰围	臀围	袖长
尺寸	70	84	64	90	60

图4-78　第七套款式结构图

第七套

衣长=60
后片×1
前片×2
1.5 1.5
左右
袖子×2
袖长=60
14

单位：cm

部位	胸围	腰围	衣长	袖长	肩宽
尺寸	90	68	60	60	40

65
腰

拉链止点
后 前

单位：cm

部位	胸围	臀围	裤长
尺寸	68	92	30

设计：金佳蕾

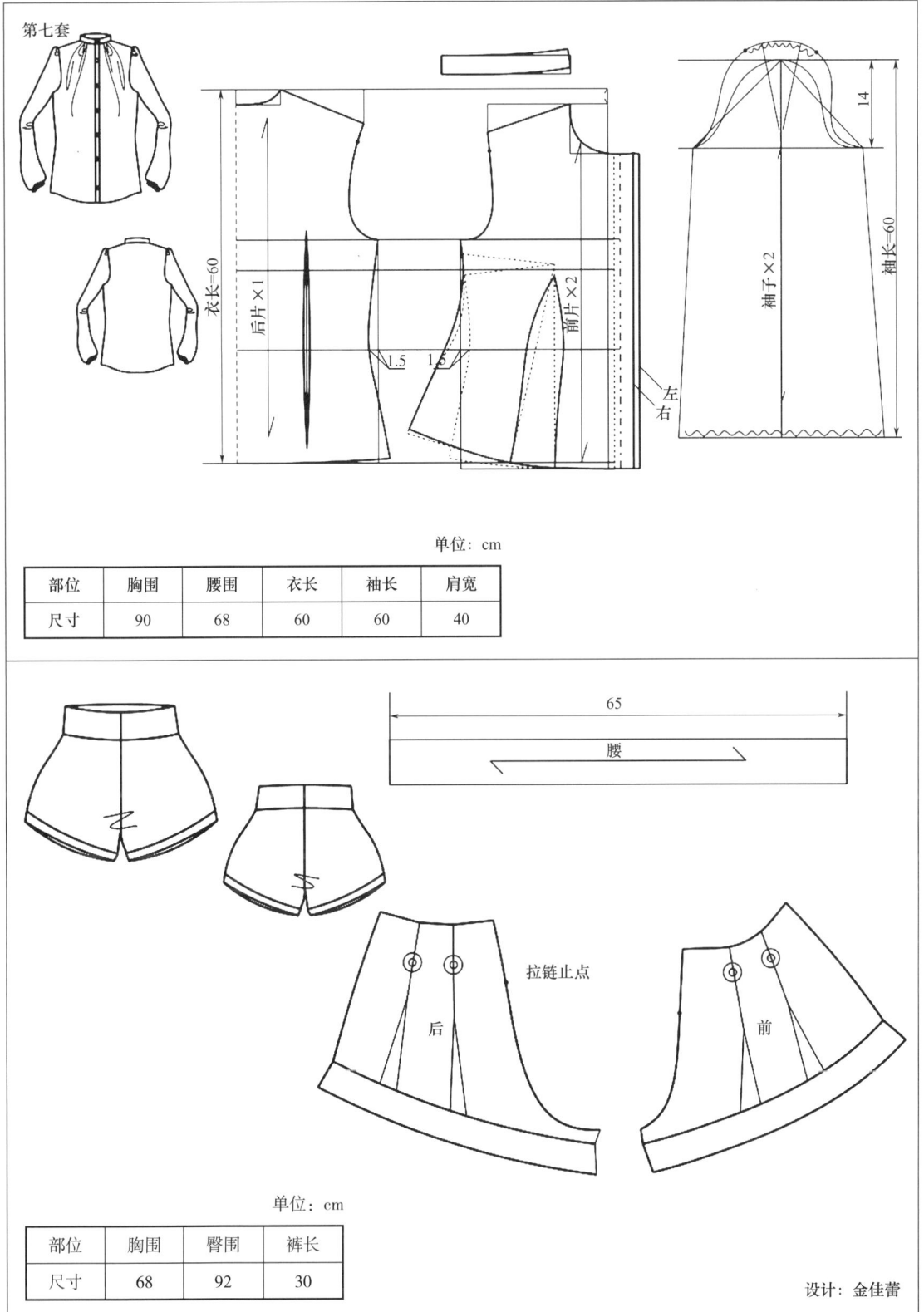

图4-79 第七套款式结构图

第八套

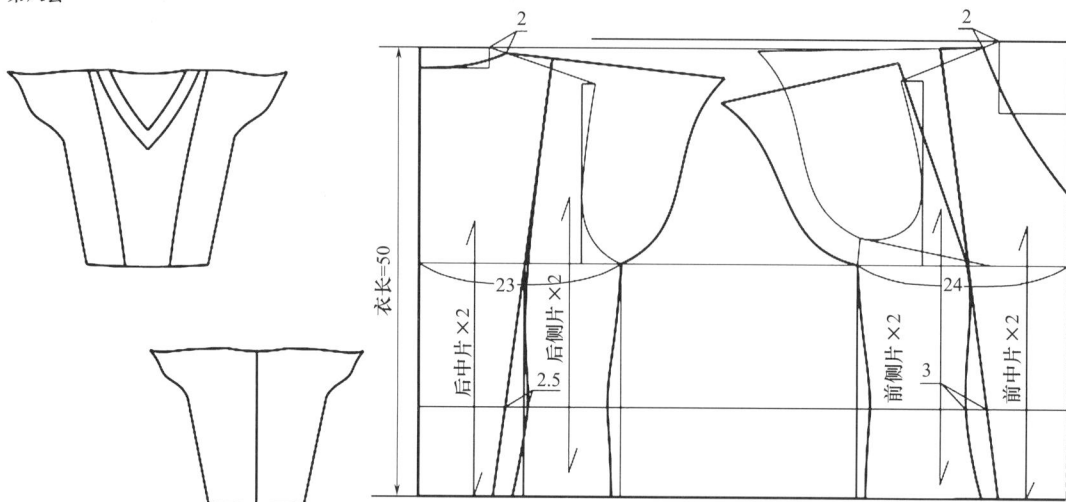

单位：cm

部位	衣长	胸围	腰围	肩宽
尺寸	50	84	64	40

设计：金佳蕾

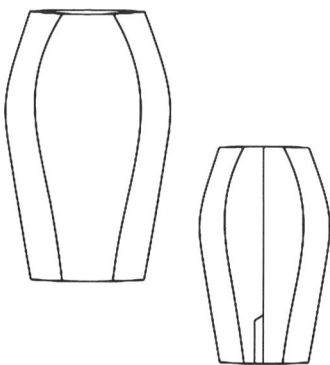

单位：cm

部位	腰围	臀围	裙长
尺寸	68	90	60

设计：金佳蕾

图4-80　第八套款式结构图

4. 服装赏析

扫描右侧二维码，在网络教学资源中查看"都市节拍"系列服装拍摄图。

5. 毕业设计总结

服装是我们生活中必不可少的，现代消费者着装追求个性化，讲究自我风格，服装当之无愧地成为女性表达自我个性及自我追求的外在显示，这已成为当代着装的主流时尚。其中色彩、款式最能表达人的个性。有句俗话"佛靠金装，人靠衣装"，女性消费者对服装的个性要求越来越高，现在的女人视衣服如生命，什么样的衣服就有什么样的女人，世界上没有丑女人只有懒女人。即使是一个普普通通的女人只要穿上一款气质华丽的衣服，也能让这个女人变得气质非凡，神采飞扬。

让我们组最开心的是通过对旎莱雅品牌的调研，让我们组知道了毕业设计该如何下手，如何去表达我们组所要表现的效果，这个调研为我们组的毕业设计做了铺垫。

第五章 创意服装为主的毕业设计选题与指导

第一节 创意服装的基本概念

创意服装在日常生活服装的基础上打破常规的设计理念及着装方式，融合智慧、设计、创意，打造新颖独特的服装，除了满足服装本身的实用功能外，还渗透着对时尚、个性的追求，凝聚焦点，释放魅力，诠释创新。

一、创意服装的特点

（1）创意服装具有外型独特、功能完善等方面的设计点及创意点，追求审美情趣。

（2）创意服装蕴藏着设计师的灵感、智慧，艺术气息浓厚。而日常生活服装则更加注重面料、款式、色彩等的组合。

（3）创意服装一般用料讲究，向社会传达高科技面料，引领科技服装的研发及设计。

（4）创意服装属于高级定制服装，由于设计奇特、制作精细，批量生产、销售及推广有待进一步完善。

（5）创意服装的消费群体一般思想前卫、追求时尚、经济独立，雄厚的经济实力及较高的审美需求，使他们将目光集中在"独一无二"的视野中。

二、创意服装的分类

创意服装的形态也是以服装的基本形态为原型，在此基础上设计师以各自对于概念设计的理解进行设计。此类服装在造型上更强调形态的变化，在材料上需要进行再创造或采用新研制的试用品，在色彩上注重流行色的表现。服装的整体突出对某种概念意识的表达，突显设计师的主观设计意念和对主题的创造性反映。

1. 参赛服装

服装大赛是服装设计比赛的一种形式，有的侧重于："实用"服装设计，有的则侧重于"创意"服装设计。其中"创意"服装大赛就是概念服装设计的一种形式，根据主办方提出的规则，参赛选手进行有概念的设计，以此完成大赛的要求。创意服装大赛的目的主要是锻炼专业学生的设计才能和创意能力，通过大赛的操练提升服装设计水平；创意大赛的平台也为专业学生提供了可施展能力的空间，充分表现专业学生对服装设计艺术的理解，并借助某一主题的设计锻炼，使专业学生学习如何进行概念设计（图5-1）。

图5-1 参赛服装

2. 演艺装

概念服装具有造型夸张、色彩丰富、整体服饰创意新颖的外观效果，因此在一些大型的演艺活动中有其特殊的价值。作为演艺活动的服装有具体的设计要求，要依据相关活动的目的进行设计，以此表现主题内容与概念服装的有机结合。例如，北京奥运会开幕式服装和一些表演服装。这些服装常常借助鲜艳的色彩、夸张的造型来体现概念服装的特殊性（图5-2）。

图5-2 演艺装

3. 游戏装

写实风格的游戏装一般以真实描绘为主，不追求形态上的夸张，贴近现实着装，易于理解。卡通风格的游戏装，造型夸张，色彩艳丽，介入游戏道具，还原游戏场景等，设计时会刻意强调某个特征，让人印象深刻（图5-3）。

图5-3 游戏装

4. 创意礼服装

来自韩国艺术家Yeonju Sung的新颖设计——食材裙装，她将这一系列作品命名为"可穿戴的食品"。艺术家用蔬果来发挥灵感，用层叠的方式，利用食材本身的形状以及特性加以创作，经过巧妙构思和精心设计之后就完成了这一系列食品服装。这一系列裙装既有很好的层次感和下垂感，又突出了女性的线条美，妩媚之中夹杂狂野小性感（图5-4、图5-5）。

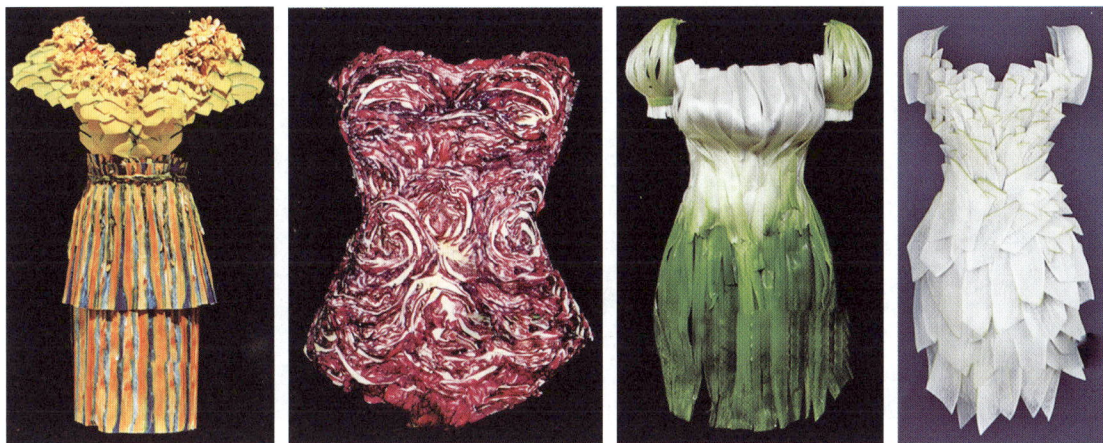

图5-4　食材裙装

图5-5　创意礼服装

5. 发布会服装

郭培发布会创意服装（图5-6）。

图5-6　郭培发布会服装

6. 高科技服装

荷兰设计师Iris Van Herpen受水分子结构启发，设计创造的3D印花女装（图5-7）。水晶女装的制作方法和灵感研究起来更像是在读一本空间工程手册。

图5-7　3D印花服装

第二节　资讯搜集与设计构思

一、流行趋势资料搜集、整理

1. 流行的款式细节

搜集的款式细节可以是多种多样的，如，面料的创意设计可以提升服装设计的审美价值；镶嵌的装饰物、打褶的装饰、仿生花设计使服装具有强烈的表现力和视觉冲击力（图5-8）。细节设计中，由于材料、手法、位置的差异性，会产生不同的视觉效果。设计师如何将细节元素打造为服装设计的亮点和消费者产生购买欲望的驱动点，都需要细心观察、总结。

图5-8　服装款式细节

2. 流行色

理解色彩与服装的关系是从事设计的重要环节。流行的预测可以是宁静的乡村风情、浓郁的油画色彩或是喧嚣的城市元素（图5-9、图5-10）……流行色受到社会、文化和生活因素的影响，关注环保、追求新生活方式、追忆美好时光成了"流行主题"。

图5-9　2015春夏全球流行色主题——生长

图5-10　2015春夏全球流行色主题——创造

3. 流行配饰

结合服装廓形、面料肌理变化、色彩属性推测流行的服饰配件，它可以是首饰盒、耳饰、发饰、胸针（图5-11）……设计师们层出不穷的创意引导服装设计的潮流。

图5-11　配饰

4. 灵感源图片

生活是一切艺术的源泉，是构思的起点。"读万卷书，行万里路"设计师要加深对历史文化的理解，对民族风俗的了解，更要有生活的感悟、旅行的体验，通过阅读、绘画、参观、拍照、记录让思维跳跃，成为设计灵感来源，逐步拓展成为实际的设计（图5-12）。

图5-12 灵感源图片

二、思维方式与设计构思

1. 思维方式

创意服装的创造性思维也要遵循一定的规则，所设计的作品必须符合社会普遍的审美规范，要被人们所接受并能使人得到美的愉悦。故弄玄虚和奇形怪状并不能代表设计的创新，思维拓展要突出实用价值。这里所讲的创造性思维包括具象思维和抽象思维，具象思维设计的大量作品以具体的形态和结构为重点，在设计上多采用的手法是"拷贝"和"模仿"，因此能够真实反映设计素材的本来面目，具象思维设计方法可以结合事物的局部细节或大造型来表现设计的特点。抽象思维设计的过程是一次飞跃和升华，需要设计者深入分析素材的内在涵义，要在探索中有创新设计，要有新的蜕变！在这里有必要关注一下抽象的绘画作品，它可能会给你一些灵感和启发，无论在用色及质感的表现上都会形成独特的设计风格，形成强烈的视觉冲击力（图5-13、图5-14）。

图5-13 毕加索绘画作品

图5-14 米罗绘画作品

2. 设计方法

（1）加减法设计。

（2）自然模仿设计。

（3）转移设计（动物羽毛与服装、气泡服装）。

（4）夸张设计。

第三节 创意服装毕业设计文本案例

一、魅红帝国（设计者：金媛）

1. 设计草图（图5-15）

图5-15 设计草图

2. 效果图

创作过程中，灵感源和设计调研是最先考虑的两个方面，极大程度上决定设计作品的风格及艺术倾向。调研时参观了嘉兴最具匠人风格的高端定制旗袍私人定制修奇工作室，对后续的创作带来了很多灵感。精致的刺绣、手工印染、水墨画等传统元素，精雕细琢，成就独特之美。

最初效果图配色时考虑了两种配色方案，一种是群青蓝加桂花黄的搭配，色彩比较跳跃，刺绣加以点缀（图5-16）。另一种则以红色为主色，黑色为辅，将贴布绣、刺绣、3D立体花等融入服装中，色彩冲击力强，让人印象深刻（图5-17）。

最终结合市场调研，选定方案二。

图5-16　色彩搭配方案一

图5-17　色彩搭配方案二

3. 工艺单（表5-1~表5-3）

表5-1 第一套工艺单

XXX公司工艺单							
客户		款号		合同号	生产部门	生产日期	
品名		数量		样板号	生产单号	交货日期	

规格尺寸表				用料说明		面料单耗：140cm门幅用料130cm	
	165/88A	160/84A	155/80A	面料（贴样）	里料（贴样）	辅料（贴样）	备注：
胸围		83					纽扣：
腰围		68					配色线，黑色，红色
后中长		37					有纺衬、无纺衬、双面衬
肩宽							
袖长							
袖口							

款式图

（正面）

（背面）

验布：检查面料是否有色差、布疵、污渍等现象

排料：一顺辅料，丝缕对齐。一件倒顺毛结合

裁剪要求：按配比裁剪，裁片准确，刀眼不可超过0.5cm。裁片要进行核对编号，分匹包扎

粘衬要求：温度适中，无烫黄、烫焦现象

工艺要求：机针：12号　针距：14~16针

1. 做零部件：花片合好，压线0.2cm，注意吃势均匀，刀眼对准
2. 前后片硬衬粘好，前中前侧拼接，后侧拼接，再前后侧缝拼接，缝份烫分开缝
3. 面面与夹里拼接
4. 下摆面料拼接，夹里拼接。最后面子与夹里拼接，缝份分开缝，与上身拼合
5. 后中装拉链
6. 其他按照常规工艺

后整理要求：

1. 成品衣服上不能有线头、划粉痕迹、油污及其他污渍
2. 保证成衣符合质量
3. 贴花，钉扣

包装要求：

单件立体挂袋，套上胶袋

制单人：金媛	审核人：金媛	日期：2013.06.17

表5-2　第二套工艺单

XXX公司工艺单							
客户		款号		合同号	生产部门		生产日期
品名		数量		样板号	生产单号		交货日期

	规格尺寸表			用料说明		面料单耗：140cm门幅用料130cm	
	165/88A	160/84A	155/80A	面料（贴样）	里料（贴样）	辅料（贴样）	备注：
胸围		84					纽扣：无
腰围		68					配色线：红色、黑色
后中长		38					有纺衬、无纺衬、双面衬
肩宽							
袖长							
袖口							

款式图

（正面）

（背面）

验布：检查面料是否有色差、布疵、污渍等现象

排料：一顺辅料，丝缕对齐。一件倒顺毛结合

裁剪要求：按配比裁剪，裁片准确，刀眼不可超过0.5cm。裁片要进行核对编号，分匹包扎

粘衬要求：温度适中，无烫黄、烫焦现象。

工艺要求：机针：12号　　针距：14～16针

1. 做零部件：花片合好。压线0.2cm，注意吃势均匀，刀眼对准
2. 前后片硬衬粘好，收省，省烫向中间，再拼接
3. 面布与夹里拼接
4. 大下摆面料拼接，夹里拼接。最后面子与夹里拼接，与上身拼合
5. 后下摆装拉链
6. 其他按照常规工艺

后整理要求：

1. 成品衣服上不能有线头、划粉痕迹、油污及其他污渍
2. 保证成衣符合质量
3. 贴花，钉扣

包装要求：

单件立体挂袋，套上胶袋

制单人：金媛	审核人：金媛	日期：2013.06.17

表5-3 第三套工艺单

XXX公司工艺单						
客户		款号		合同号	生产部门	生产日期
品名		数量		样板号	生产单号	交货日期

	规格尺寸表			用料说明		面料单耗：140cm门幅用料130cm
	165/88A	160/84A	155/80A	面料（贴样）	里料（贴样）	辅料（贴样）
						备注：
胸围		83				纽扣：
腰围		68				配色线，黑色，红色
后中长		37				有纺衬、无纺衬、双面衬
肩宽						
袖长						
袖口						

款式图

（正面）

（背面）

验布：检查面料是否有色差、布疵、污渍等现象
排料：一顺辅料，丝缕对齐。一件倒顺毛结合
裁剪要求：按配比裁剪，裁片准确，刀眼不可超过0.5cm。裁片要进行核对编号，分匹包扎
粘衬要求：温度适中，无烫黄、烫焦现象
工艺要求：机针：12号　针距：14～16针
1. 做零部件：花片合好。压线0.2cm，注意吃势均匀，刀眼对准
2. 前后片硬衬粘好，前中前侧拼接，后侧拼接，再前后侧缝拼接。缝份烫分开缝
3. 面布与夹里拼接
4. 大下摆面料拼接，夹里拼接。最后面子与夹里拼接，与上身拼合
5. 后中装拉链
6. 其他按照常规工艺
后整理要求：
1. 成品衣服上不能有线头、划粉痕迹、油污及其他污渍
2. 保证成衣符合质量
3. 贴花，钉扣
包装要求：
单件立体挂袋，套上胶袋

制单人：金媛	审核人：金媛	日期：2013.06.17

4. 成本核算单（表5-4）

表5-4 成本核算单

成本核算单							
款号：XT-10086			款式名：礼服			制单日期：2013 6.20	
面料类						款式图	
序号	布料名称	规格/颜色	用量/Y	单价	金额/件		
1	面料1	红色绸绒	16米	20元	320元		
2	面料2	黑色色丁	16米	10元	160元		
3	面料3	红色薄皮	15米	20元	300元		
4	面料4	黑色卡其	4米	18	72元		
合计					852元	（正面） （背面）	
辅料类							
序号	辅料名称	规格/颜色	用量/Y	单价	金额/件		
1	硬衬	白色	5米	12元	60元		
2	拉链	红色	3根	2元	6元		
3	双面衬	白色	5米	5元	25元		
4	线	红、黑	4个	4.5元	18元	（正面） （背面）	
5	布衬	白色	5米	7元	35元		
6	配饰	铁链、珠子	25串	3.2元	80元		
合计					224元		
加工费							
1	洗水加工费		/	/	/		
2	后整加工费		/	/	/	面料类	852元
3	烫钻加工费		/	/	/	辅料类	224元
4	车间加工费		/	/	/	加工费用	0元
合计				/		厂批＋耗损	0元
						商检＋运费	0元
						利润	0元
合计						合计	1076元
备注	制表人：金媛			学号：048210100022		审核人：金媛	

5. 款式结构图（图5-18～图5-20）

第一套

单位：cm

部位	胸围	腰围
尺寸	84	68

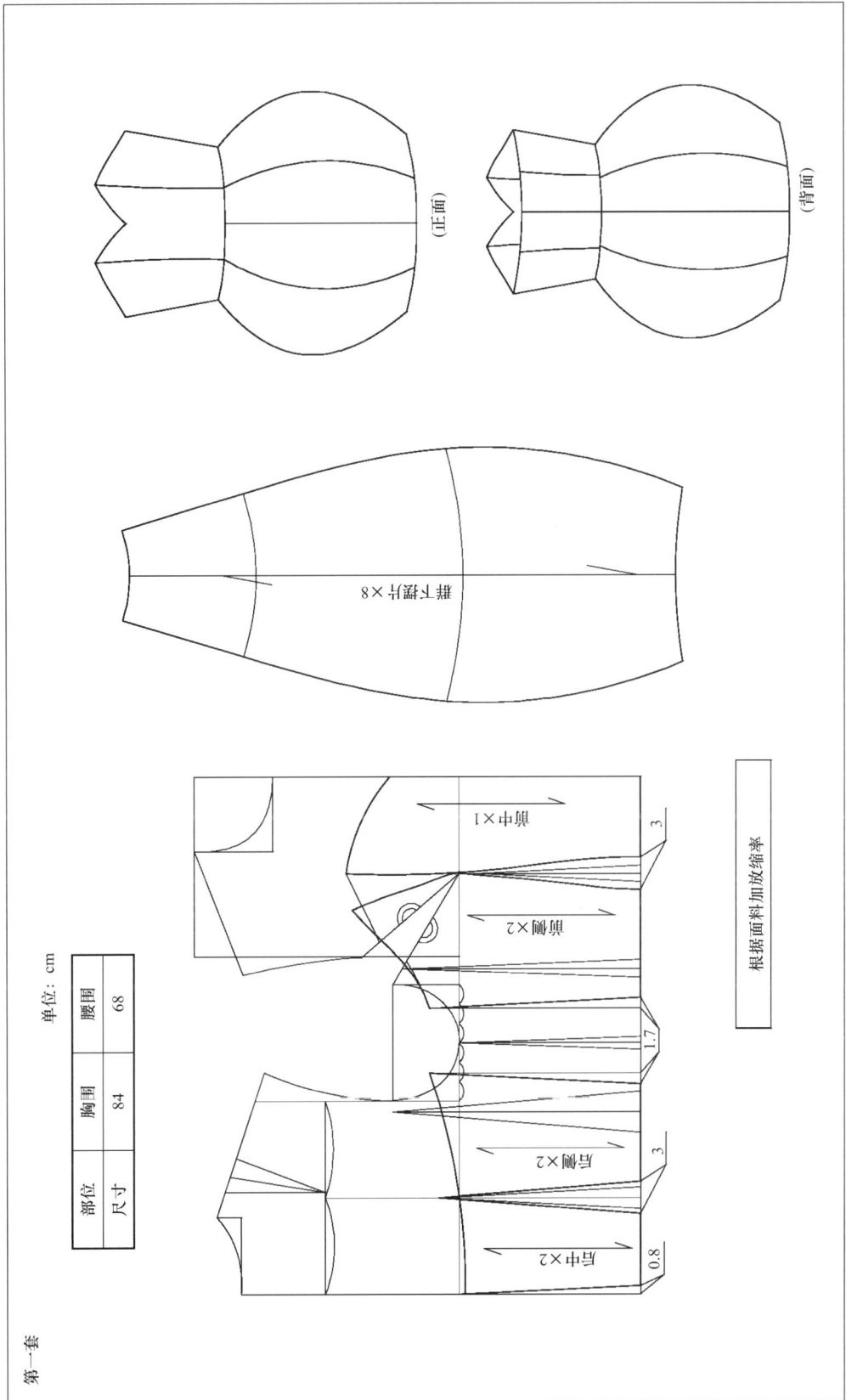

图5-18 第一套款式结构图

部位	尺寸
衣长	42
胸围	84
腰围	68

单位：cm

裙摆侧片×1(右)

(背面)

(正面)

裙片×1

拉链位置

22.38

22.38

1.5

1.5

4

胸片×1

前片×2

衣长42

裙摆后中×2

裙摆侧片×1(左)

裙摆都按35%缩小
原长度2.3米

第二套

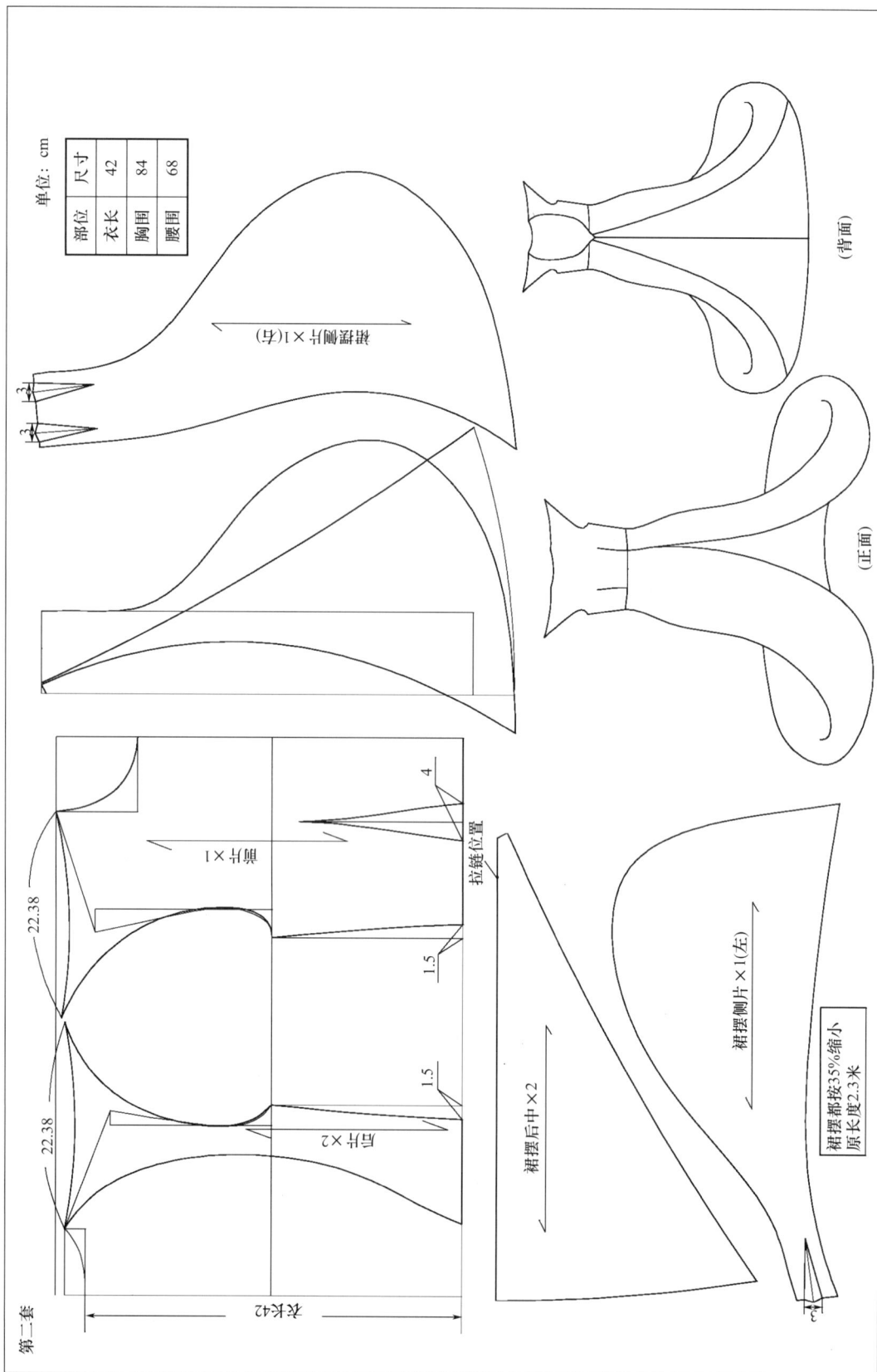

图5-19　第二套款式结构图

（正面）

（背面）

单位：cm

部位	尺寸
胸围	84
腰围	68
臀围	86
下摆长	170

后下摆×2

后下摆按50%缩小

根据面料加放缩率

第三套

前中×1

前侧×2

前排片×1

3

1.7

后中×2

后侧×2

3

18

后排片×2

0.8

拉链位置

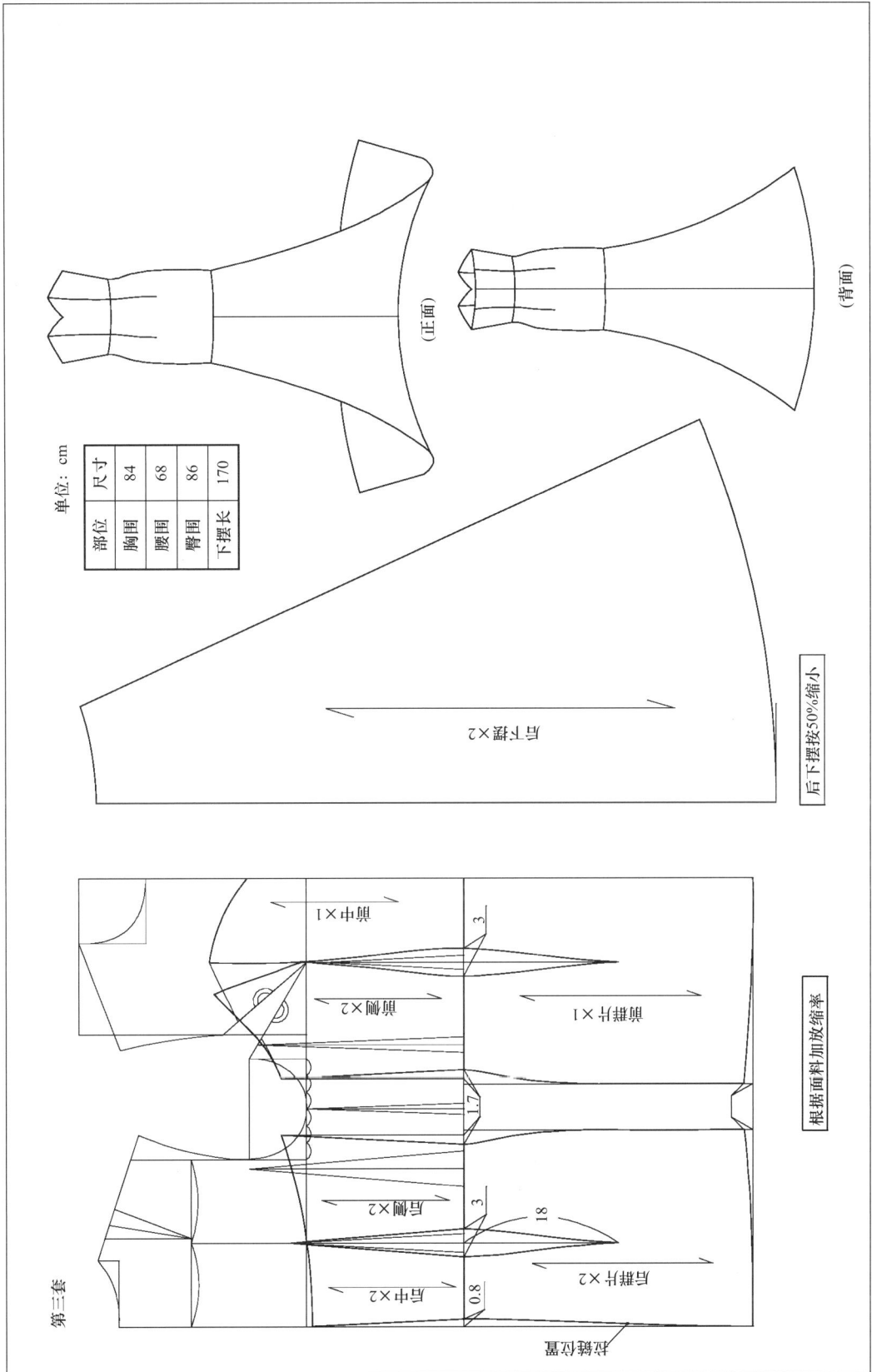

图5-20　第三套款式结构图

6. 服装赏析

扫描右方二维码，在网络教学资源中查看"魅红帝国"系列服装拍摄图。

二、铭蝶（设计者：张燕萍、俞金丹）

1. 创意狐品牌实场调研

（1）品牌文化

东莞市锦狐服饰有限公司始创于1998年，是一家集设计、生产、销售为一体的全球知名品牌礼服公司。

"创意狐（Coniefox）"是锦狐公司旗下的礼服品牌，以其"浪漫、优雅、唯一"的设计，精准的市场定位，赢得了国内外广大消费者的一致好评。2008年以来，东莞市锦狐服饰有限公司投入巨资打造中国礼服第一品牌。2010年创意狐礼服成为第37届世界旅游小姐（广东湛江）全球总决赛唯一指定礼服。

近年来，创意狐礼服已成为诸多知名艺人、顶级模特、著名主持人的首选，更通过互联网远销日韩、美国、法国、意大利、澳大利亚等国家。创意狐品牌礼服以更快的步伐接近我们的目标：成为名副其实的中国礼服第一品牌。

（2）品牌诠释

创意狐品牌用品质诠释经典，用时尚汇聚潮流。凭借卓越的经营理念，有效的品牌培育以及独特的供应链管理模式，创意狐已实现为全球客户提供从礼服设计、品牌推广、在线销售以及进出口贸易的一条龙服务，并已发展成为中国领先的在线礼服直销网站。目前，创意狐旗下拥有多个品牌，分别针对不同的目标人群。未来的创意狐将走自有多品牌的大品牌战略。

（3）品牌设计理念

创意狐品牌礼服拥有数十名具有多年设计经验的高级设计师，其设计理念在融合东方典雅风范及文化内涵与简约实用的基础上，广泛吸纳最新的西方时尚创意，设计出风格迥异的产品服务与多层次及不同地域的气质女性。凭借其时尚典雅的设计、奢华高贵的品质、一流高超的手工，为整个礼服界带来了新的独特风格和时尚潮流。

创意狐礼服既有Alexander McQueen的梦幻高贵，也有浪漫精致。隐含的奢华、静谧的吸引力是每一款创意狐礼服彰显的特质。

（4）结构特色

创意狐品牌的结构设计为了体现现代女性浪漫、优美的身体曲线，大多以飘逸的雪纺面料为主。衬托出女子的优雅与清新。不同的色彩面料组合又给人以不同的视觉感官体验。婚纱系列、礼服系列均以立裁为主，结构简单但贴合人体曲线（图5-21）。

（5）品牌色彩

创意狐品牌的色彩大多以女性偏爱的暖色调为主。淡雅紫、中国红、清新绿、天空蓝等，都是创意狐所偏爱运用的色彩。而黑白灰无彩色的运用又体现了女性干练不失优雅、粉黛不失都市的感觉（图5-21）。

图5-21　创意狐服装款式

（6）价格定位

创意狐品牌礼服不仅仅在品质款式最懂女人心，而且价格最动女人心，每季按风格和流行色的搭配，有计划的推出N个系列款式，创意狐礼服的网上价格，一开始采取薄利多销的方式，定价在500～1000元。这个价位比网上的低端礼服产品高出很多，但是比线下同等的礼服产品则要低将近一半，可以说具有非常高的性价比，对消费者是很有吸引力的。

通过这样的价格策略可以迅速吸引客户，打造销量，但同时也牺牲了利润。因此经过一段时间的运营后，当创意狐在品牌实力和会员人气上都具有了一定沉淀后，我们便在消费者可接受的范围内，逐步将价格提上来，在打造销量的同时兼顾利润。

（7）销售策略

销售渠道方面，创意狐制定了"全球全网全平台网络营销体系"的营销策略，从直销与分销、国内与海外、零售与批发三个维度为创意狐打造电子商务渠道体系。这个渠道体系包括：创意狐官方网站，创意狐淘宝、拍拍店铺系统，创意狐网上B2B销售系统、网上百货商店购物平台。

其中，创意狐官方网站包括一个中文网站、一个英文网站和一个日文网站。因为在经营过程中，发现有很多外国人来购买创意狐的礼服，通过沟通我们了解到，在国外，人们经常需要身穿礼服出席各种场合，礼服的市场空间很大，所以将海外市场作为重点来抓，除了建立英文、日文官方网站，更在海外发展代理商。现在海外的销售已占据创意狐60%～70%的市场份额。

2. "铭蝶"系列设计灵感

蝴蝶，优雅，浪漫美丽……本系列礼服正是以自然界的蝴蝶为主要灵感来源（图5-22）。生机的绿色面料配以蝴蝶灵动、立体的身姿，使看客仿佛置身于春的花花世界，清新又不失动感，繁复又不失韵律……，恰到好处的黑色蕾丝的点缀又使礼服整体更添几分神秘气息。

图5-22　设计灵感

　　而肌理的运用更使面料整体丰富而写实，仿佛蝴蝶正流连于绿叶之上，久久不愿离去……

　　整个系列以小夸张的廓型诠释出不同的视觉效果，而立体蝴蝶的点缀成为礼服最大的亮点。疏密的排列使得整体生动活泼，让人过目不忘……

3. 服饰配件（图5-23）

图5-23　服饰配件

4. 效果图（图5-24）

图5-24　铭蝶系列效果图

5. **款式图**（图5-25～图5-29）

图5-25 铭蝶系列款式图

6. **结构图**

第一、第五套

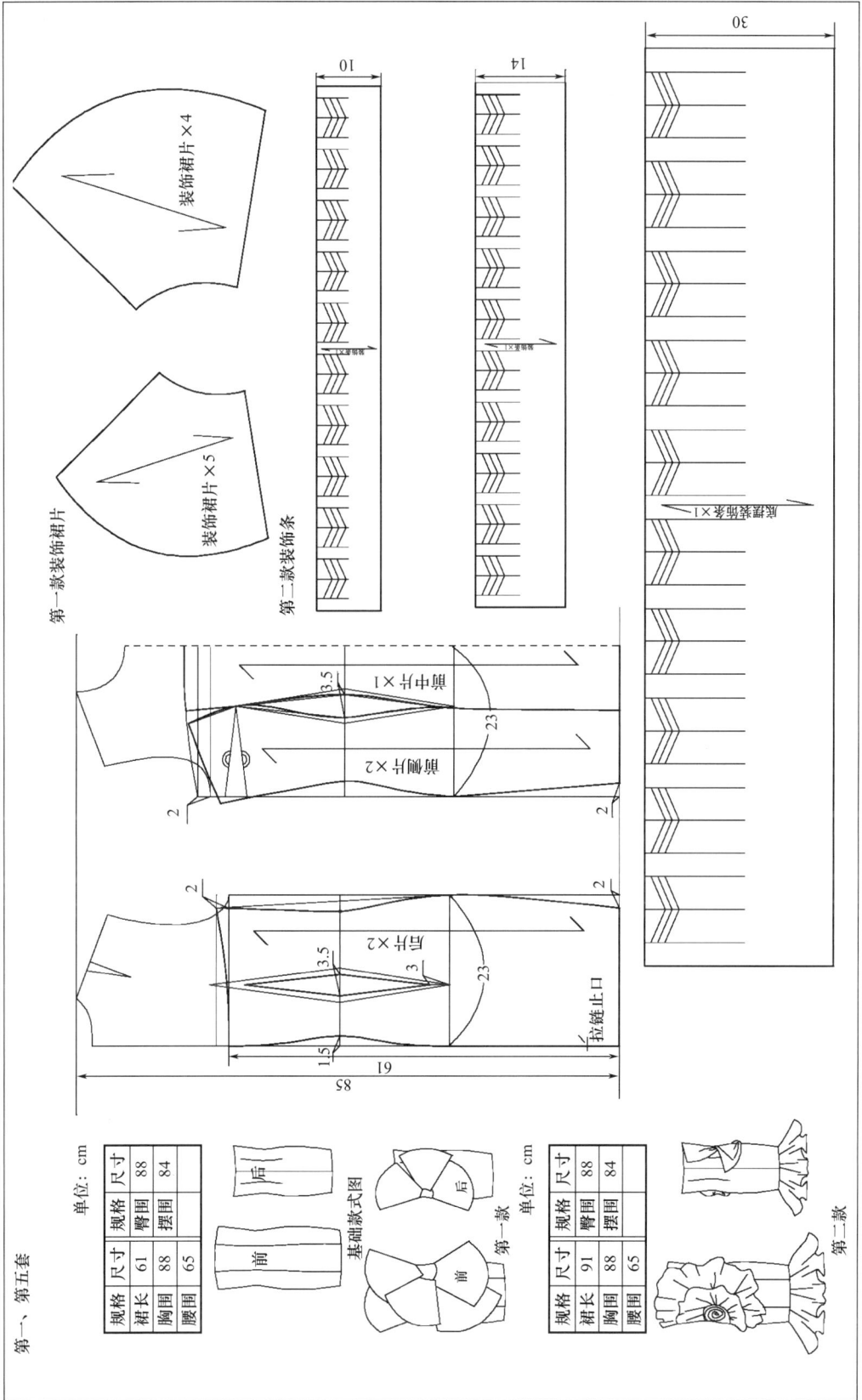

单位：cm

第一款

规格	尺寸	规格	尺寸
裙长	61	臀围	88
胸围	88	摆围	84
腰围	65		

基础款式图

第一款

单位：cm

第二款

规格	尺寸	规格	尺寸
裙长	91	臀围	88
胸围	88	摆围	84
腰围	65		

第一款装饰裙片

装饰裙片×4

第二款装饰裙片

装饰裙片×5

第二款装饰条

图5-26　第一、第五套结构图

第二套

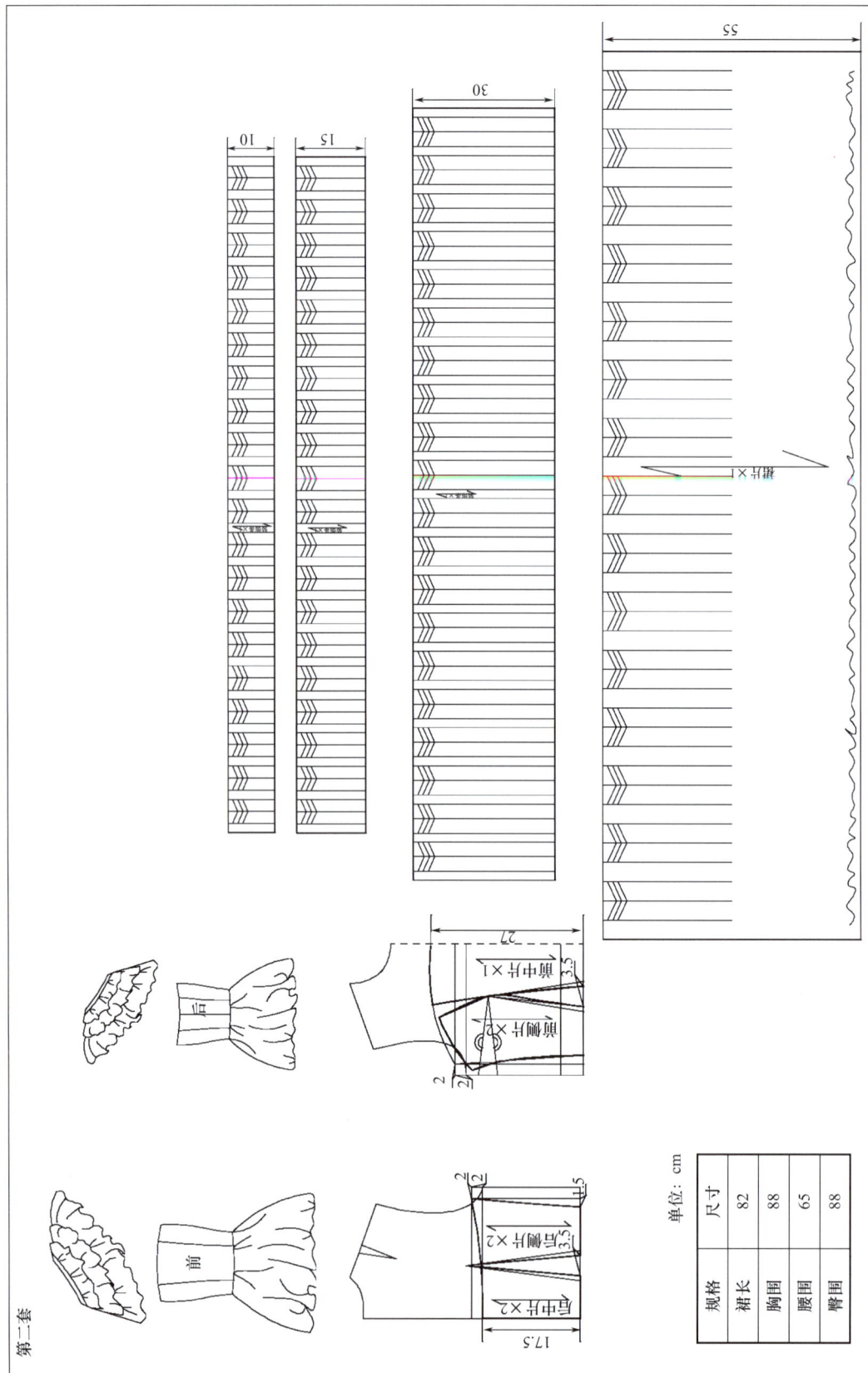

单位：cm

规格	尺寸
裙长	82
胸围	88
腰围	65
臀围	88

图5-27　第二套结构图

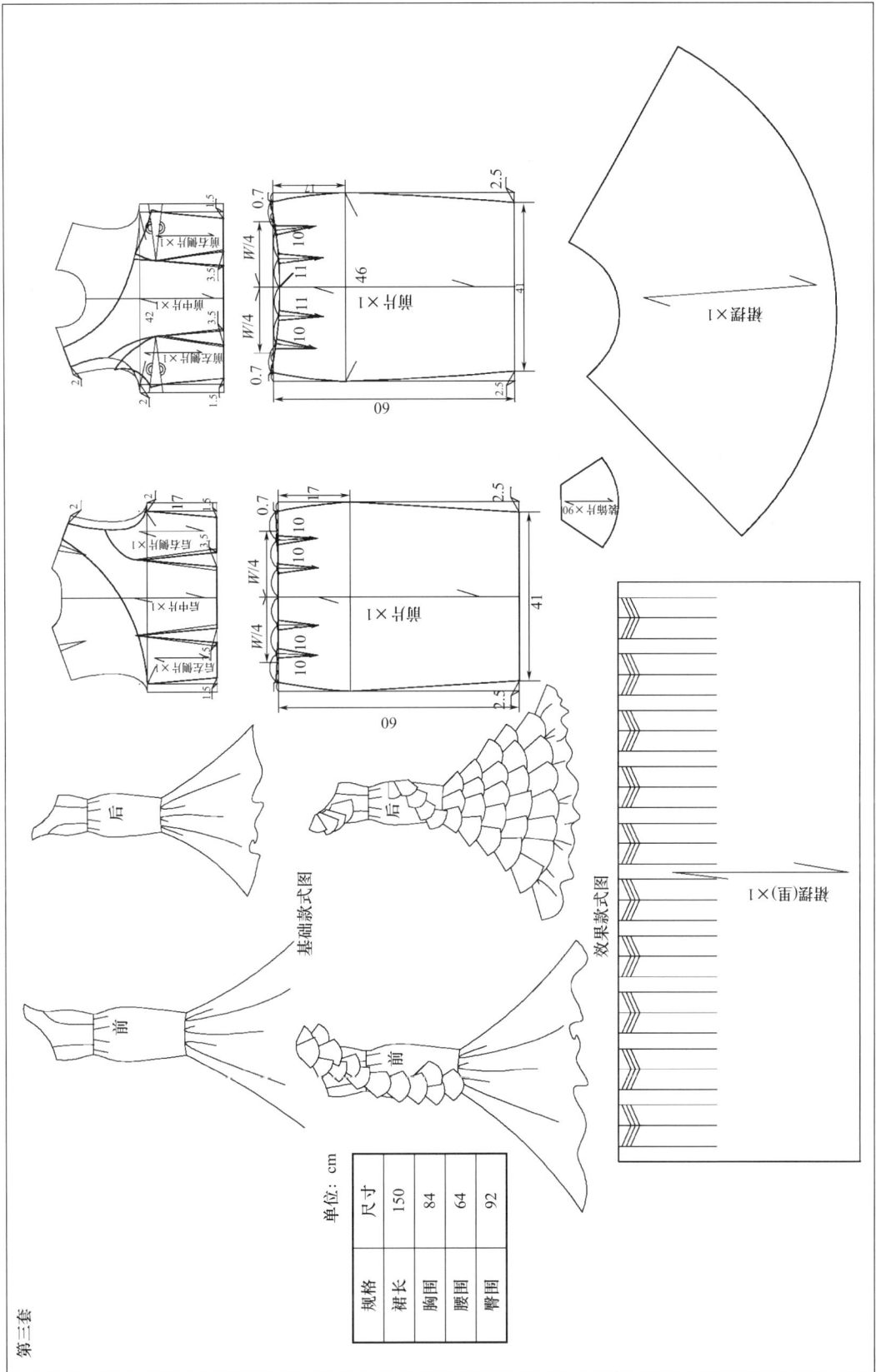

图5-28　第三套结构图

规格	尺寸
裙长	150
胸围	84
腰围	64
臀围	92

单位：cm

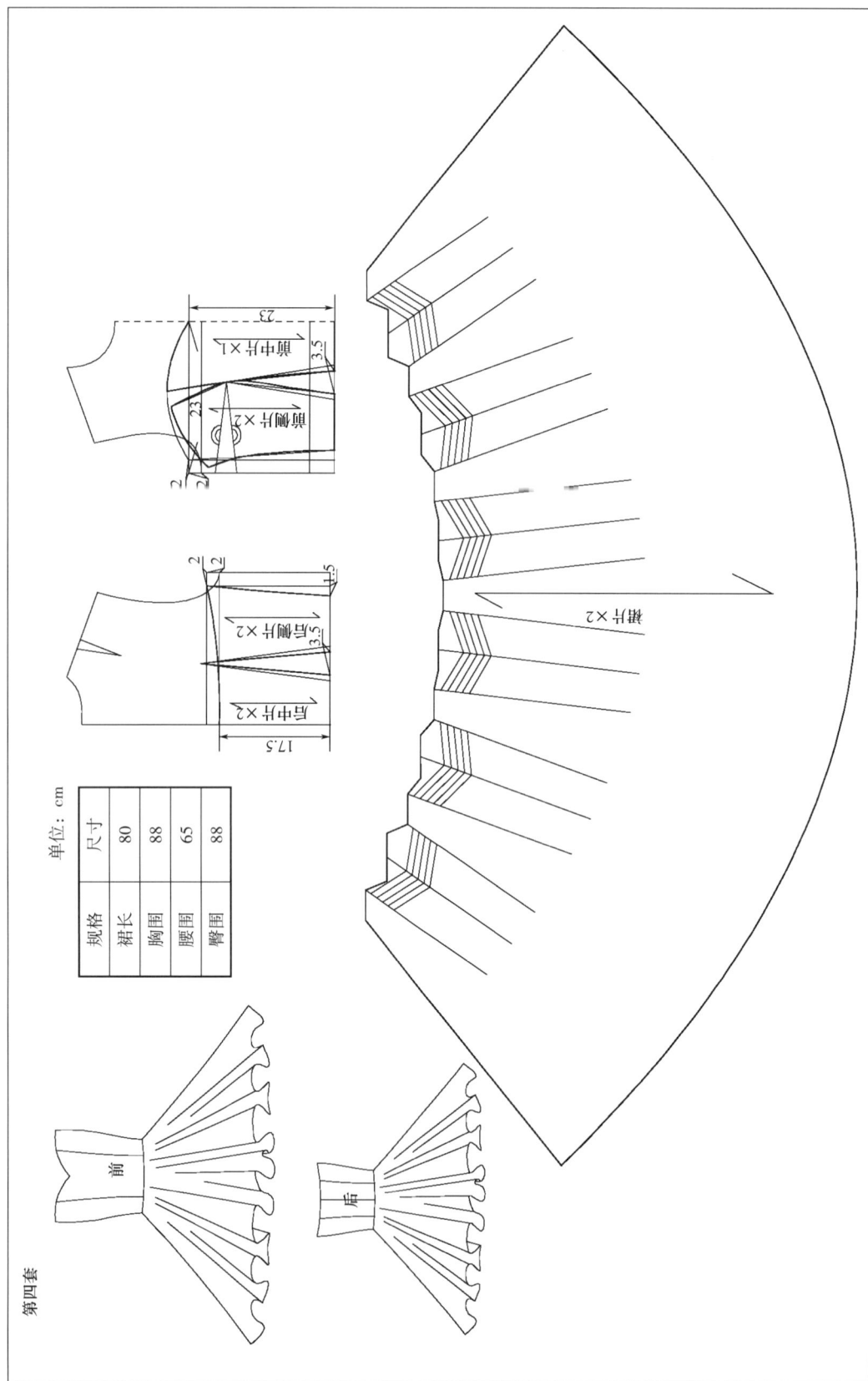

第四套

单位: cm

规格	尺寸
裙长	80
胸围	88
腰围	65
臀围	88

图5-29　第四套结构图

7. 服装赏析

扫描右侧二维码，在网络教学资源中查看"铭蝶"系列服装拍摄图。

8. 毕业设计总结

四年的中专生活似弹指一挥间，转眼间，学习生活已接近尾声。

回顾自己走过的路，在这四年中有得也有失，也更看清了将要走的路！

通过四年的学习使我懂得了很多，从那天真幼稚的我直到要面对自己的人生，使我明白了一个道理，人生不可能永远一帆风顺，只有自己勇敢地面对困难，这样才能使人生不留遗憾。

从刚跨入学校时，我就知道，毕业设计将是我人生中的一大挑战，我们会运用我这四年里学习和积累的技能，将这场面对自己实力的第一课上好！

回首这四年里的点点滴滴，与同学们的朝夕相处，心中顿生了许多感触。

在这四年的学习生涯和社会实践中，有渴望、有追求、有成功也有失败，我在这过程中不断地挑战自我，充实自我，为实现自己的梦想在一步一步地努力着。不管未来怎样，至少这四年的学习让我学会了坚持！

在职高的学习生涯即将结束的时候，我们迎来了我们的最后一门课程——毕业设计！这是对我们这四年学习成果的检验！

毕业设计包含很多方面的内容：有设计、结构、效果图、款式图等。这次的毕业设计我们以分组的形式来进行考核。我们是两个人一个小组，我是和张燕萍一起来完成我们的谢幕表演！一共有三个老师带领着我们完成毕业设计。

首先，我们第一步是找图片。一开始我们都没有灵感，是老师给我们看了大量的图片，我们自己也在网上收集了很多。经过了很多次的讨论，画了很多草图，最后我们确定了我们自己的风格，决定尝试制作夸张型的小礼服。效果图出来后，感觉还是蛮好的！在制作中，我们一直和同学开玩笑说我们走的是高端、大气、上档次的路线。我们两个的相处也很融洽，很和谐。相比于设计，我的特长是打板和工艺，所以前半部分的设计主要都是张燕萍负责的，我就主要负责制做的工作了！我们两个的组合很默契，各自有自己的任务！

在毕业设计中，我们学到了很多，也成长了很多！在这中间也碰到了许多困难，但都一一克服了。我们也从中学到了以前没接触到的知识。所以我相信我们的毕业设计会是一场成功的ending秀！

通过这次毕业设计的综合能力考验，我想我们都是合格的，或许我们不是最优秀的，但我们真的是最努力的！

三、暗夜裙弦（设计者：蔡陈燕、梁雅欣、褚丽佳、张思怡）

1. 调研报告

（1）调研地点：平湖虹霓，杭州四季青面料市场。

（2）调研时间：4月16号，4月18号。

（3）调研品牌：奥拉拉（Aolala）。

（4）品牌文化：奥拉拉品牌拥有先进的技术和经验丰富的专业人才，从而确保产品质量不断提高。我们在生产中使用最优质的布料，产品款式多样，时尚新颖，鲜明的品牌风格与务实的经营作风，在同行中赢得广泛的好评。Aolala 奥拉拉以大众化的价格、无微不至的服务和可靠的质量等优势，一直在快速发展。本着以"诚信为本，精益求精"的理念，遵循"定位明确，专注坚持，永续服务，放眼天下"的经营理念，把最优质、最专业、最及时的产品奉献给每一位顾客！

（5）品牌卖点：精美的面料手感舒适，特殊的设计结合传统的中国元素时尚大方穿着有品显身份，蕾丝与镂空也加入紧跟流行。

（6）店面及展柜布置：时尚，简约，干净，明亮（图5-30～图5-32）。

（7）年龄定位：比较适合20~35岁，该消费群有良好的家庭背景，知识结构广泛，心智

图5-30　门面陈列

图5-31　展柜陈列

图5-32　店铺陈列

也比较成熟，具有很高的品牌意识，对自己的品牌也有一定的了解，有较高的品牌忠实度。款式主要以礼服、晚礼服、中式礼服、婚纱、红毯礼服、毕业礼服、宴会礼服、电影服装、电视剧服装设计、舞台服装、高级定制礼服为主。

（8）款式设计特点：Aolala 奥拉拉的设计减少了以往的繁琐工艺，更加简约、随意，同时不再运用夸张的设计感，加重了对礼服实用性的考量！服装款式变化丰富，花型图案也富于变化。简单的设计，经典的款式更能衬托出女人的华丽气质（图5-33）。

（9）造型：主要以S型为主。

（10）面料：面辅料主要以真丝素缎、真丝丝绒为主（图5-34）。

（11）色彩：主要采用大红色。

（12）配饰（图5-35）。

（13）面料做工：高品质的裁剪，面料，时尚的配饰，个性的图案衬托出女性的完美曲线。

（14）细节（图5-36）。

（15）调研总结：

Aolala 奥拉拉品牌以及他的做工、质地、和作为一个品牌服装需做到的条件。Aolala 奥拉拉品牌女装款式优雅、大方、成熟、大气，体现了当代女性的柔美。其造型主要以S型为主。其面料主要以真丝素缎、真丝丝绒为主，暖色系给人以优雅浪漫的感觉。款式、造型、面料、色彩都有其独特的风格。我们看到了一个品牌服装的发展史，品牌风格大多以简约为主。内部展厅的服装要比门口装点的齐全，根据不同时期的服装进行摆设。由原来单一颜色到后期的色彩丰富，做工精细，运用蕾丝和镂空的设计增添了时尚感，体现了女人的优雅气

图5-33　Aolala款式

质，部分部位的绣花体现了中国的传统文化。其服装质量很好，手感不错，款式也比较独特。好的服装品牌，它的品牌定位，它的市场行情，它的市场前景，它的做工、质地、面

图5-34　面辅料

图5-35　配饰

料、色彩的搭配都很时尚。

　　我们4月18号去杭州四季青面料市场调研，一早，我们在班主任的带领下前往我们的目的地——杭州四季青面料市场，我们根据之前的分组结对进行调研。我们全班包了辆大巴车，经过了两个小时，我们终于到达了目的地。我们第一站去的是四季青面料市场，这是杭州人口最聚集的地方，琳琅满目，各式各样的面料令我们目不暇接。为了这次的调研，我们做好了充分的准备，本子、笔和手机，以便将看好的面料和配饰拍下来，回去做进一步研究和挑选。走出了第一家店，我信心十足，因为店里的布料感觉很好，店家也挺热心。因为有一个很好的开头，接下来就有信心了。然后，我们继续走进下一家店，刚一进去整体看上去就给人一种心情愉悦的感觉，我们走到一卷卷面料前，摸了摸它的质感，一个字来形容——滑。此刻，我的灵感一下子迸发了出来，如果把它运用到我们主打的那一套服装上，一定非常华丽、有质感，给人一种高贵的感觉，问店家可不可以给点面料小样，那个店家二话没说，就拿剪刀剪了点面料给我们，我们非常开心。大家就更加有信心了，我们一边忙着穿梭

图5-36　细节

于人群中，一边忙着取各式各样的面料小样，然后将裁来的小样放在一起搭配，看看感觉如何。经过一个上午的观察，我们早已头晕眼花，挑不出个所以然了。在丁老师和班主任的带领下，我们与其他组的成员一起乘公交车去零料市场。不远的路程却坐了好久的车，堵车堵得厉害，我们也实属无奈。到了零料市场已经是中午，我们就先去解决吃饭问题。同学们折腾了一上午，多少也有些小收获。下午，我们继续寻找布料，各式各样材质的布料映入眼帘，让我们既欣喜又兴奋。后来买了少部分的面料备用。

调研一天下来，我们感觉很累。虽然累，但我们收获也不少，还找到了自己想要的，当然期间遇到的困难也不少，最后圆满的完成了调研报告，我们都很开心。

2. 效果图（5-37）

图5-37　暗夜裙弦系列

3. 款式结构图（图5-38～图5-41）

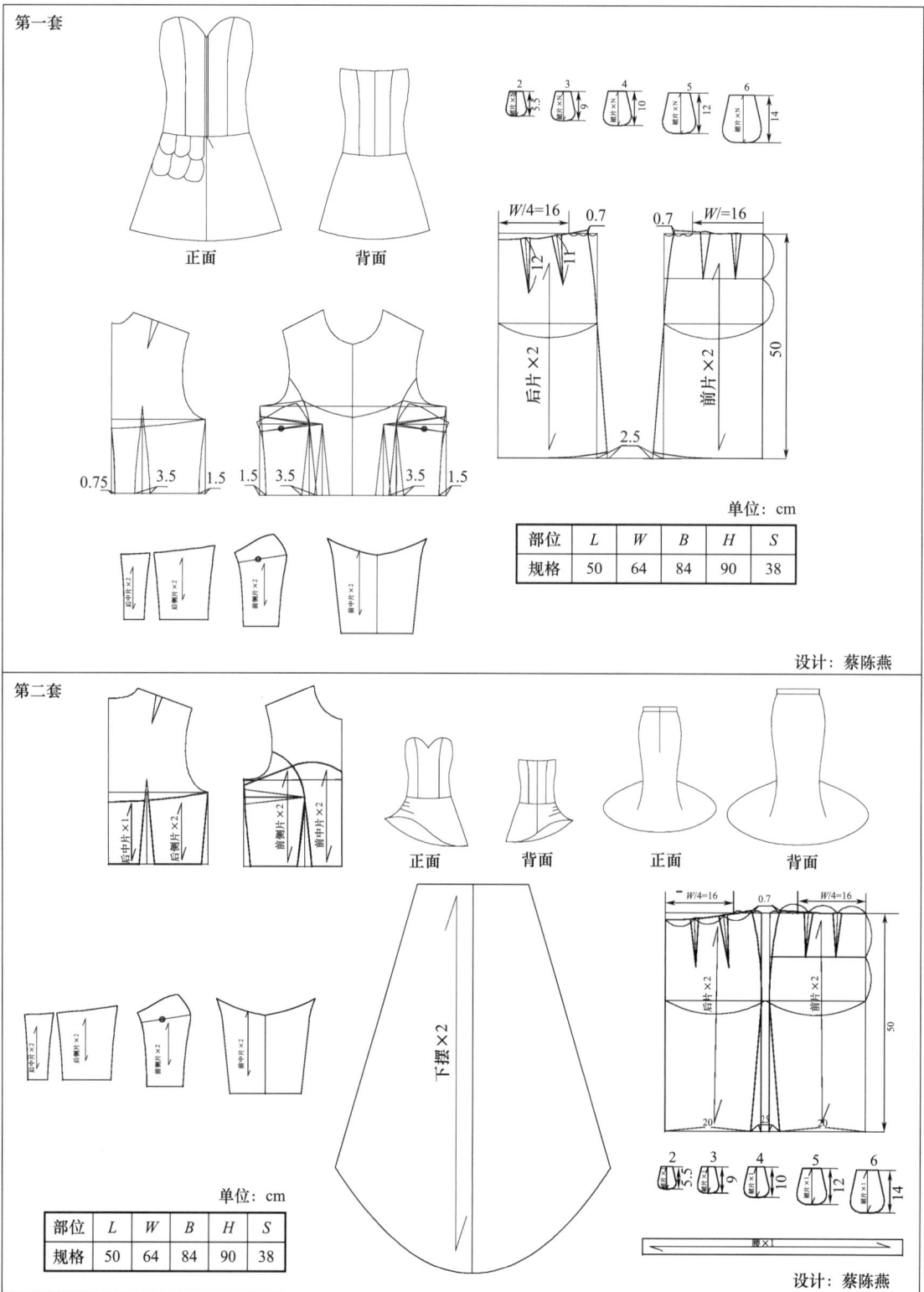

第一套

正面　　　　　　背面

单位：cm

部位	L	W	B	H	S
规格	50	64	84	90	38

设计：蔡陈燕

第二套

正面　　　　　　背面　　　　　　正面　　　　　　背面

单位：cm

部位	L	W	B	H	S
规格	50	64	84	90	38

设计：蔡陈燕

图5-38　第一、第二套款式结构图

第三套

正面　　　　　　　　　　　　　　背面

后中片×2　后侧片×2　前侧片×2　前中片×1

后中片×2　后侧片×2　前侧片×2　前中片×1

2　5.5　　3　9　　4　10　　5　12　　6　14

侧片小×4

侧片中×4

侧片大×4

单位：cm

部位	L	W	B	H	S
规格	74	64	84	90	38

设计：褚丽佳

第四套

前　　　　后

后中片×2　后侧片×2　前侧片×2　前中片×1

2　5.5　　3　9　　4　10　　5　12　　6　14

后中片×2　后侧片×2　前侧片×2　前中片×1

前下摆×4

单位：cm

部位	L	W	B	H	S
规格	73	64	84	90	38

设计：褚丽佳

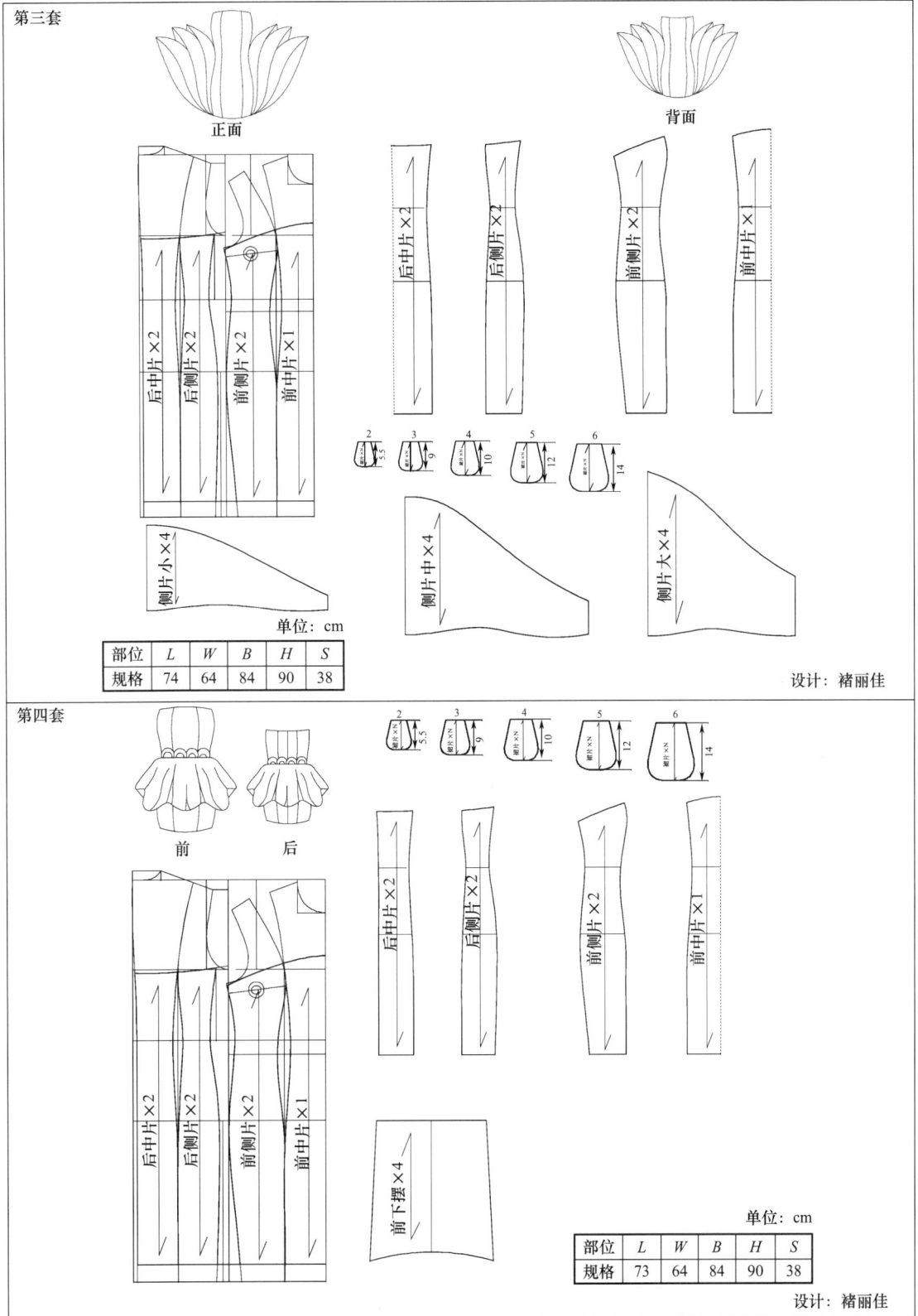

图5-39　第三、第四套款式结构图

第五套   单位：cm

部位	L	W	B	H	S
规格	73	64	84	90	38

装饰侧片×2

正面　　　背面

后中片×2　后侧片×2　前侧片×2　前中片×1

后中片×2　后侧片×2　前侧片×2　前中片×1

中片×2　　大片×2

设计：梁雅欣

第六套　　鳞片顺着省道往下贴

正面　　　背面

装饰上片×4　40　12　41　20

装饰中片×3　40　17　42　28

装饰下片×2　50　35

后中片×2　后侧片×2　前侧片×2　前中片×1

后中片×2　后侧片×2　前侧片×2　前中片×1

单位：cm

部位	L	W	B	H	S
规格	74	64	84	90	38

设计：梁雅欣

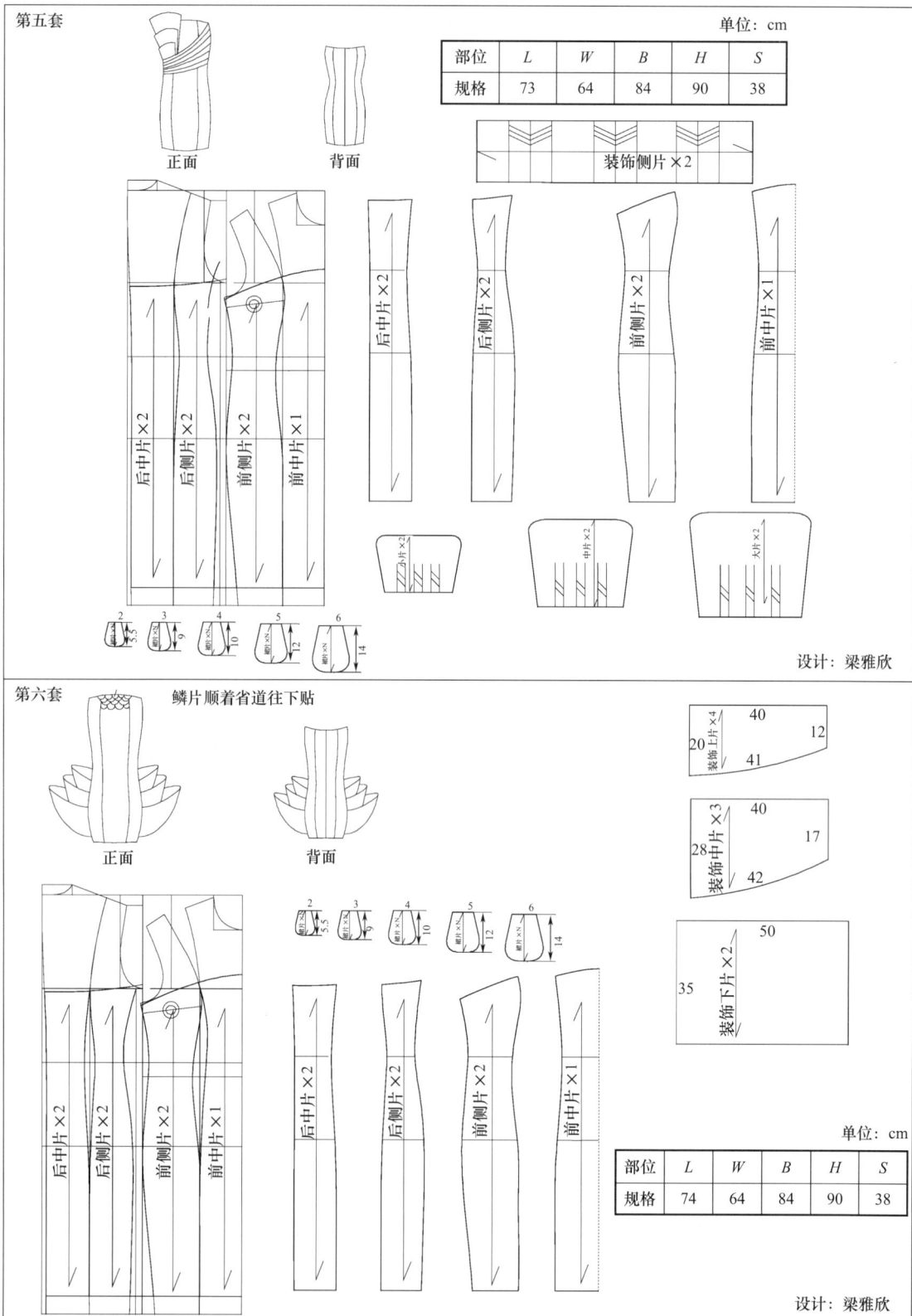

图5-40　第五、第六套款式结构图

第七套

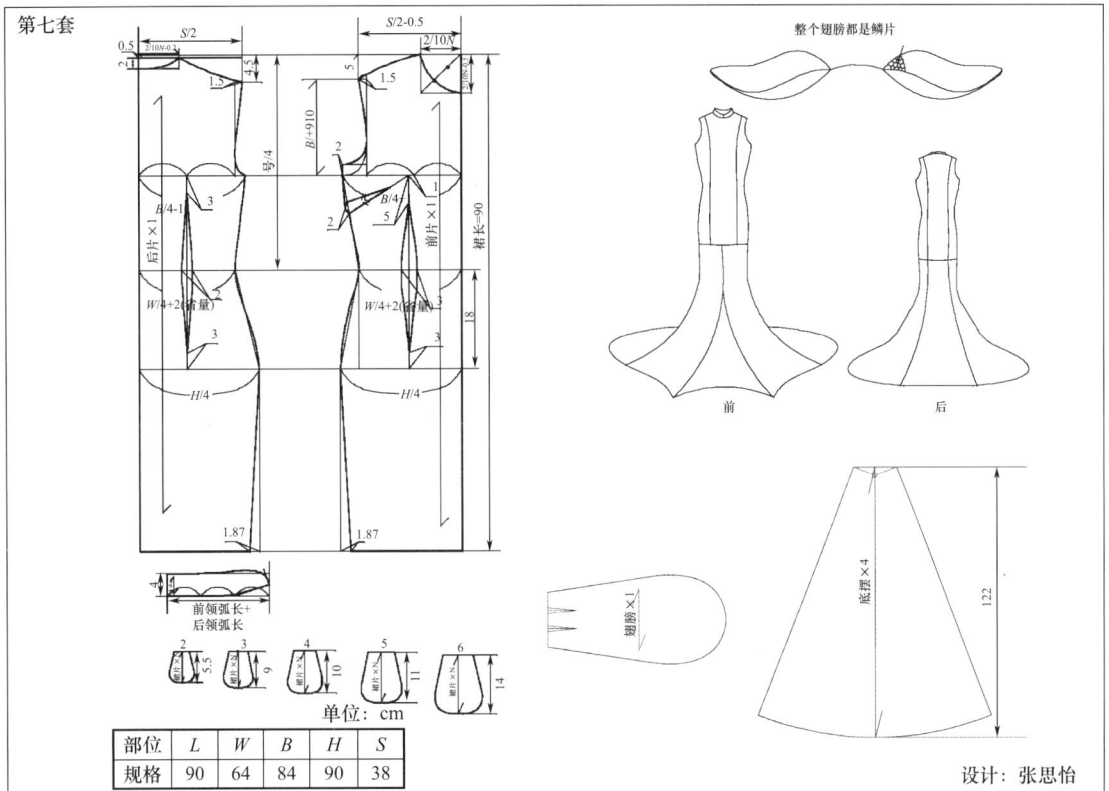

部位	L	W	B	H	S
规格	90	64	84	90	38

单位：cm

设计：张思怡

第八套

单位：cm

部位	L	W	B	H	S
规格	73	64	84	90	38

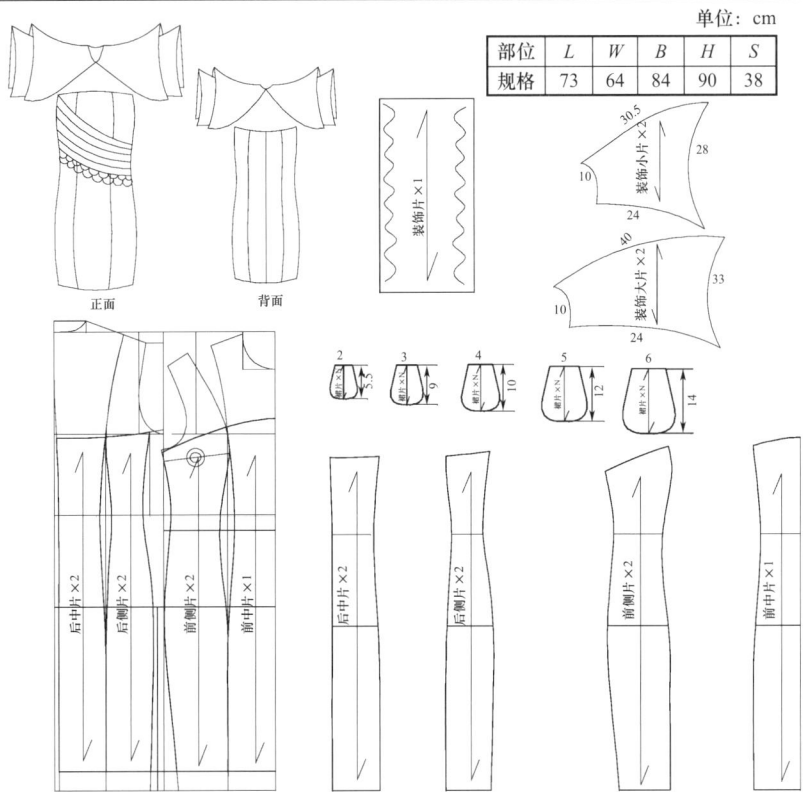

设计：张思怡

图5-41　第七、第八套款式结构图

4. 成本核算表（表5-5）

表5-5　成本核算表

成本核算表						
款号：001		款式名：礼服			制单日期	2013.6.23
报价分类：						
面料类						
序号	布料名称	规格/颜色	用量/m	单价	金额/元	
1	金色面料（1）	金色	0.5m	15元/m	7.5	
2	金色面料（2）	金色	0.5m	10元/m	5	
3	卡其面料	卡其	6m	10元/m	60	
合计					72.5	
辅料类						
序号	辅料名称	规格/颜色 用量/Y	用量/Y	单价	金额/元	
1	拉链	黑色	1根	1.5元/根	1.5	
2	硬衬	白色	16m	10元/m	160	
3	双面衬	白色	0.5m	5元/m	2.5	
4	里料	黑色	0.5m	8元/m	4	
合计					168	

正面

背面

加工费		金额/元			总成本	
1	水洗加工费			面料类		72.5
2	后整加工费			辅料类		168
3	烫钻加工费	10		加工费用		10
4	车间加工费			耗损		
5	车费	120		车费		120
合计		130		合计		370.5
制表人：张思怡		班级：2009服装			审核人：蔡陈燕	

5. 服装赏析

扫描右方二维码，在网络教学资源中查看"暗夜裙弦"系列服装拍摄图。

6. 毕业设计总结

自古以来，衣食住行是人类的生活基础。随着时代的发展，服装对人们已不是简简单单的遮羞工具，人们对服装的追求从未停止，能为自己设计漂亮的衣服是大多数女孩的梦想。

四年前，怀着对服装的追求与憧憬踏进职高。期间，有过欢笑，也有过苦恼。虽然过程并不是一帆风顺，但却使我的高中生活过的充实而有趣。现在，四年的学习生活即将结束，毕业设计将会给我们的学习画上圆满的句号。

刚开始接触毕业设计，心中充满疑问和担心，一方面不知从何下手，另一方面害怕自

己做不好。五月份，毕业设计正式开始了，老师让我们以小组的形式合作完成。我们四人结为一组，组长是蔡陈燕，组员有梁雅欣、褚丽佳和张思怡。最初，我们为了选稿定稿，一直在找资料和讨论，不同的风格让我们有过很多选择，最后，大家一致定为礼服。然后，进行绘画，效果图出来后，我们根据效果进行修改、上色及装饰，我们组的意愿是想要达到一个大方、夸张的舞台礼服表演的效果。所以，对造型方面每个人都提出自己不同的观点和建议。虽然很清楚过程的艰辛，但是我们想做得更好，下一阶段就进行市场调研与选购面料。我们的市场调研的地点是平湖市虹霓旎莱雅展厅，它的品牌风格是款式多样，时尚新颖。一天下来我们对旎莱雅有少许了解，然后进行市场调研报告的编辑，紧随其后的就是选购面料。老师把地点定位在杭州四季青面料市场和零料市场。第一次我们没有大量采购，而是了解市场。回到学校后我们根据实际情况定出面料。第二次我们把面料配饰买的差不多了，接下去，就要正式进入制板。大家投入十足的热情，每天都如火如荼的进行。中间遇到很多困难和问题。在老师的帮助下一一得到了解决，而我们的衣服大多数需要立裁来完成，所以，我们只制了一款紧身衣作为原型，紧随其后就是让我们最紧张的环节了—工艺制作，一直以来是我们比较薄弱的地方，我们的礼服需要大量的鳞片，关于如何制作合适的鳞片，我们实行了好多方案，面料的挑选和光泽度、制作方法让我们很是头痛。经过多次的尝试和努力，终于把样本做了出来。一层面料太薄，达不到理想的效果，我们就运用两种不同的面料，中间烫了一层双面衬，根据形状剪出大小不一的四种鳞片，准备分别运用到各种配饰中，接下来的难题就是大翅膀的制作，由于造型比较特殊，一直都找不到合适的骨架，所以只能自己动手做造型。褚丽佳从家里带来许多钢丝，我们在曾佳老师的帮助下，在人台上尝试了好多次，但效果却不理想，原因是因为钢丝太软，承受不住鳞片的重量，容易塌下去，而太硬的又不容易做造型，后来在家长的帮助下，终于把它完成了，效果还不错。接下去，我们就进入白坯布试样的阶段，在人台上经过多次试验，中间碰到好多技术性问题，造型和结构的知识太缺乏，只好求得老师和同学的帮助。难题总是解决不完，我们采购的面料是金丝绒，有倒顺毛，而且弹性特别大，导致裁片出现很大的误差，所以我们根据面料的性能做出相应的调整。做完后还需要托夹里，由于面子弹性太大、质地厚，所以对夹里的要求比较高，要有弹性，质地薄。最后用了组员自己买的布料解决了这个问题。其他的几款衣服造型比较夸张，所以有点无从下手，迷茫，不知所措。由于面料太软，却要达到硬挺的效果，让我们信心大减。后来，去学校仓库找到一种同色适合的面料代替，经过层层硬衬的作用，以及老师在造型上的指点，用了好多天，那件令我们煞费苦心的衣服终于出炉了，此刻，我们心中更多的是欣慰吧！

转眼间，离结束的日子越来越近，我们总共需要交出八件成品，而暂时只出来两件，顿时，每个组员的心中有的只是焦急、紧张，看着别的组一件件的成品，压力可想而知。所以我们决定周末到学校继续做衣服，经过不断的努力，解决了各种困难和难题，我们的成品也越来越多了，希望后期的试衣效果也很好。

毕业设计虽然遇到了很多困难，但在过程中我们学会了很多知识，团队合作精神越来越好。笑过，苦恼过，高中四年，我们一起走过。

参考文献

［1］ 张剑峰. 服装专业毕业设计指导［M］. 北京：中国纺织出版社，2011.

［2］ （英）西蒙·希弗瑞特. 时装设计元素：调研与设计［M］. 袁燕，肖红，译. 北京：中国纺织出版社，2009.

［3］ （英）理查德·索格，杰妮·阿黛尔. 时装设计元素［M］. 袁燕，刘驰，译. 北京：中国纺织出版社，2011.

［4］ 叶红，范凯熹. 服装专业毕业设计指导［M］. 上海：学林出版社，2016.